국내 섬 여행 에세이

섬이 부른다

국내 섬 여행 에세이

섬이 부른다

초판 1쇄 인쇄 2021년 8월 17일
초판 1쇄 발행 2021년 8월 25일

글쓴이 윤지
사진   세영
펴낸이 강정규
펴낸곳 시와 동화

등록번호 제2014-000004호
등록일자 2012년 6월 21일

주소 경기도 부천시 소사구 성주로 86-4, 104동 402호(송내동, 현대아파트)
전화 032-668-8521
이메일 kangjk41@hanmail.net

ISBN 978-89-98378-44-8 03980

국내 섬 여행 에세이

섬이 부른다

글 윤지 | 사진 세영

시와 동화

프롤로그

　동남아 4개국 시작으로 남미 유럽까지 한 달에서 두 달 동안 세 차례 자유여행을 했다. 이집트 유럽여행 다녀온 뒤 장기 해외여행은 그만하기로 했다. 개인이 숙박과 여행루트 찾아 이동하기도 힘들고 이 정도면 충분하며 꼭 가고 싶은 곳은 패키지여행에 참여하자고 했다.

　유럽 여행에서 돌아온 몇 달 후 해오던 일이 마무리되어 쉬게 되었다. 정해진 시간에 쫓기던 일상의 공간에 여유가 자리 잡았다. 꿈꾸던 유유자적 한가한 나날이 지루하고 나른해질 무렵 묵혀둔 여행메모노트 사진 기억을 떠올리며 여행에세이를 쓰고 출판사 매니저와 미팅을 했다. 남미와 유럽 여행기 출간을 앞두고 장기 해외여행은 마지막이라고 했던 세영이 또 바람을 넣기 시작했다.

　"진짜 마지막으로 인도 네팔 샹그릴라 리장 쪽에 한 달만 다녀오자."

　"인도 네팔 이집트 동남아 거의 비슷해. 귀찮아."

"델리 바라나시 아그라 룸비니 포카라는 꼭 한 번 가 봐야 돼."

"외국 말고 울릉도 청산도 거문도 우리나라 섬에 가고 싶어."

"우리나라는 나중에 가도 되는데 해외여행은 더 나이 들면 못 가."

언제나 그렇듯 안 가겠다고 해도 세영은 인도 네팔 중국 라오스 여행 계획을 진행하고 결국 떠나게 되었다. 여행에서 돌아오면 책은 출간되어 있을 것이라고 생각했는데 귀국 후에도 메일이 오가며 원고수정 하느라 몇 달 늦어졌다. 남미와 유럽 첫 여행기『희로애락의 여정』출간 이후 지인들에게 책을 나눠주고 센터 사무실에서 분에 넘치는 출판기념회까지 열어주었다.

이후 강정규 동화 작가님 강의를 들었다. 종강 뒤 수강생들이 동심원 동아리 결성하여 동화 쓰고 합평을 거듭하여 10인 동인 동화집『꽃 돌을 싣고 가는 유모차』가 출간되었다. ≪시와 동화≫ 계간지에 손바닥 동화「비둘기 잠」과「그 때가 좋았어」가 실렸다. 손바닥 동화와 단편 동화 자전소설을 오락가락 넘나들었다.

글쓰기도 한 편을 완전히 끝내지 못하고 동화책과 인문 심리서적 등 독서도 몇 권의 책을 돌아가며 보게 된다. 여행 기억과 여운이 희미해져갈 무렵 어느 날 무심하게 중얼거렸다.

"울릉도, 청산도는 언제 가 보나?"

"울릉도만 다녀오려 해도 4~5일, 청산도 역시 마찬가지인데 해외여행은 두 달씩 하면서 우리나라 여행 못할 이유가 없지!"

이렇게 해서 시작된 서해안 남해안 제주도 거문도 청산도 울릉도 한 달 남짓 국내 섬 여행도 무사히 마쳤다.

심신의 여유로운 생활은 지속되었다. 돌봄 노동, 생계 노동, 감정 노동, 이사 노동에서 자유로워진 이곳은 어디인가? 인생은 변덕스러운 날씨처럼 어떤 상황도 결국 지나가며 피하지 않고 할 수 있는 만큼 최선을 다하다보면 책임과 의무에서 자유로워지는 날이 온다.

초원너머 황금빛 노을과 평화로움 앞에 바이러스처럼 무기력감이 스며들었다. 코로나19 확산으로 활동 반경은 축소되고 잉여시간이 더 많아졌다.

인도와 국내 섬 여행 기록 노트와 사진을 보며 '여행기 써야할까? 말아야 할까?' 망설이고 미루다 국내 섬 여행과 인도 중국 네팔 여행에세이 기록을 시작했다.

개인의 기록물정도 가벼운 마음가짐으로 적어나갔다. 모두 잊혀져갈 사소한 추억이라도 책이 되면 세월이 흐른 뒤 가족 또 누군가는 '아! 이때 이런 여행도 했구나.' 할지 모르겠다.

처음 여행기는 에세이 형식인데 이번에는 화자가 청자에게 전하는 편지 형식으로 써보고 싶었다. 청자 설정에 고민이 생겼다. 주변 지인들을 생각했다. 여동생, 딸, 언니, 독서와 동화 공부하는 샘들 생각이 꼬리를 물었다.

청자 결정을 못해 2주 동안 머뭇거렸다. '그냥 첫 번째 여행 에

세이 방식으로 쓸까?' 망설였지만 포기하지 못했다. 편지 형식 글에서 청자는 지인 중에 누구 한 명으로 설정하기 어려웠다.

고민 끝에 화자는 현재의 나, 청자는 과거의 나로 결정했다. 현재의 내가 과거 어느 시점의 나에게 여행 경험담과 느낌을 전하는 방식이다. 내가 기억하고 싶은 이야기와 느낌 그대로 과거의 나에게 편하게 말하는 형식이다.

과거의 나, 이야기 속 청자 이름은 '나리'로 지칭했다. 한글 '나'와 영어 '리턴return'의 '리',를 합성어로 결정했다. 동굴 같은 미로 속을 헤매던 과거 어느 시점의 '나'를 위로하는 설정이지만 현재 막막한 현실에서 힘들어하는 이들에게 '쥐구멍에도 볕들 날 있다.' 속담처럼 위로와 치유의 메시지가 되기를 희망해본다.

글이 무사히 마무리되고 두 번째 여행기가 출간 된다면 주변의 모든 지인들에게 감사하며 불특정 다수의 사람들에게도 공유되었으면 좋겠다.

차례

제2부 삼다도 통신

제3부   남해, 쪽빛 하늘

제4부 동해, 일출!

제5부 돌아오는 길

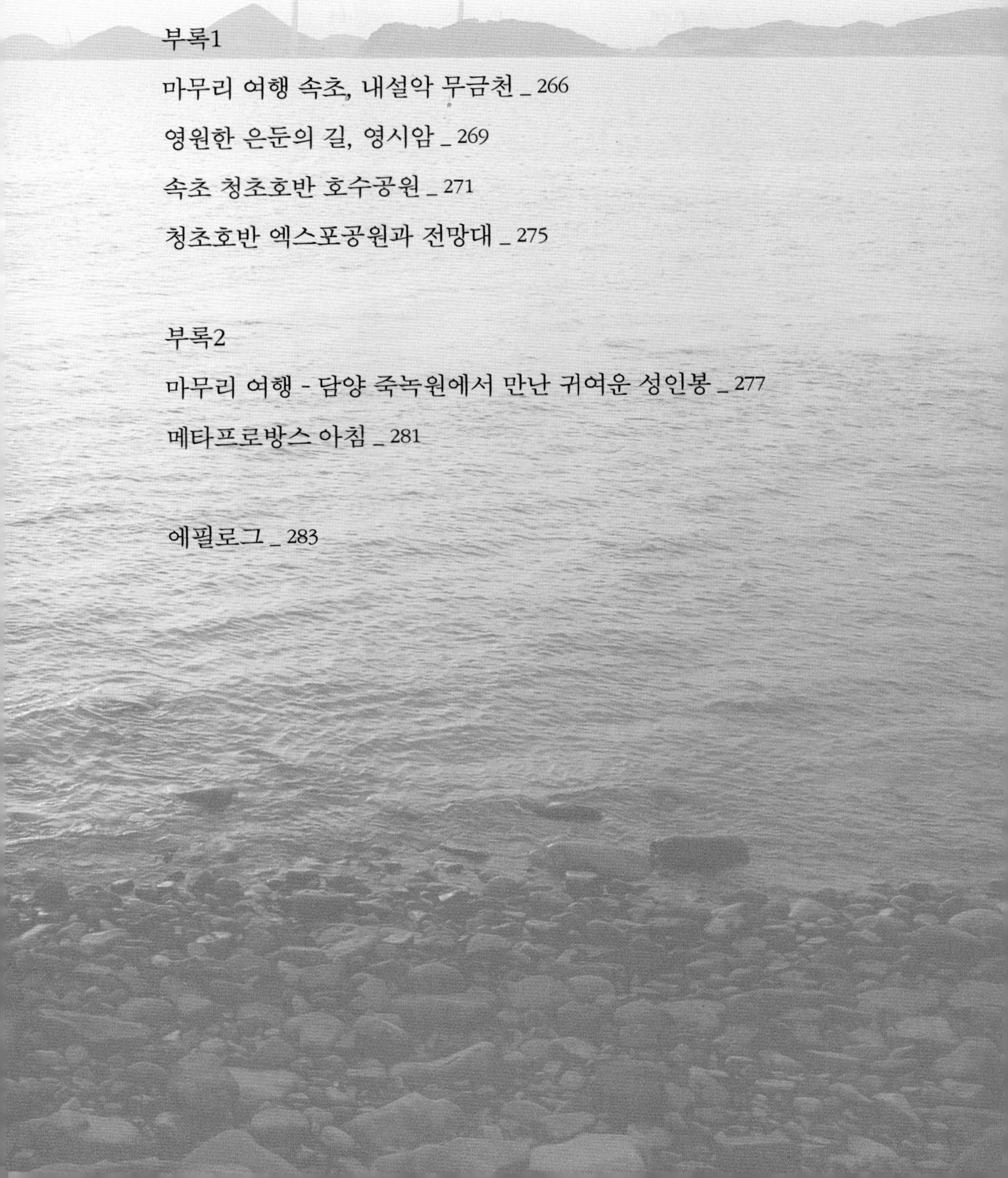

부록1

부록2

제1부
서해, 금빛 노을

예행 연습 - 대부도, 영흥도

나리야! 새로운 여행의 시작 국내 한 달 섬 여행에 나서기 일주일 전, 당일치기 대부도에 다녀오기로 했어. 요구르트와 삶은 계란으로 약식 아침을 먹고 집을 나섰지.

대부도 방아머리 선착장은 집 인근이어서 40여분 만에 도착했어. 선착장 수문에서 쏟아져 나온 거센 물이 잔잔한 바다로 큰 강처럼 흘러내리는구나. 바다 너머 송도의 고층건물들이 아스라이 바라보였어. 선재대교 건너 목섬으로 걸어갔어. 섬 주변 풍경이 아름답고 꼬마 채석강 주상절리 닮은 지형과 암석들이 시선을 끌었어.

해안가 바위틈에 죽은 갈매기 때문에 풍경에 취했던 기분이 가라앉으며 측은해졌지. 시시각각 변하는 생각과 아름다움 이면에 추함과 만물이 변하며 죽어 가는 것은 진리이지만 안타까웠지. CNN에서 아름다운 섬으로 지정했다는데 썰물 때 걸어 들어갈 수 있어서인가?

대부도는 '큰 언덕'이라는 의미이며 행정구역은 안산시이고 서해안에서 제일 큰 섬이라고 해. 시화 방조제가 완공되며 여의도 면적의 60배 토지가 생겨났대. 방조제 중간에는 나래 휴게소와 조력 공원이 조성되어 있으며 툭 트인 공원에는 빛의 오벨리스크라는 울긋불긋한 뾰족탑과 25층 높이 '달 전망대'가 있어. 엘리베이터로 올라가 경치를 감상할 수 있고 무료였어.

전망대 위에는 기념품점, 카페, 아찔한 유리 데크 아래로 방조제가 뻗어 있는데 앞 바다 새들의 낙원 '큰 가리섬'과 1km 남쪽에 '작은 가리 섬'을 쌍섬이라고 한대.

방조제 공사로 세워진 시화 조력 발전소는 전기를 생산하고 대부도 선감도 불도 탄도 화성 전곡 항이 육지와 연결되었다는구나.

나리야! 목섬에서 나와 영흥도 장경리 해변 노송지대 지나 십리 포 해변 쪽으로 이동했어. 주차장 옆에 고양이들이 따뜻한 햇살 을 받으며 옹기종기 모여 있더구나. 아직 새싹이 나오지 않은 '소 사나무' 군락지는 앙상한 가지들이 잠이 덜 깬 듯 움츠리고 해풍에 밀려온 모래가 쌓여 있었어. 척박한 땅에서도 잘 자란다는 3백50 여 그루 소사나무는 아직 새싹이 돋아나지 않아 구불구불 맘대로 뻗어 얽힌 가지들의 앙상한 형태가 그대로 드러났어.

십리포 해변 절벽 암석지대 바다위로 교각형태 목재 데크 산책 로가 조성되어 바다를 보며 걷는 즐거움을 더해주었지. 안타까운 것은 거대화 되어 가는 도시와 섬과 섬들이 연육교로 육지화 하며 쓰레기 문제와 화력 발전소 대형 굴뚝에서 엄청난 연기가 나와 공 기 오염이 심화 되는 거야. 바라만 보아도 코가 매워졌어. 바람의 방향에 따라 연기가 서해바다 쪽으로 향하면 공기가 맑아지고 도 시 쪽으로 향하면 중국에서 날아오는 매연까지 더해져 수도권은 미세먼지 공습을 당하는 것 같아.

집으로 가는 길에 배가고파 맛 집으로 유명한 탕수육 집에 들어 갔어. 자장면과 탕수육을 주문했는데 질기고 신맛과 단맛이 강해 서 적당히 먹다 남겼어. 방송에 소개된 맛 집 기준이 의심스러웠 지. 소문난 잔치 먹을 것 없고 베스트셀러가 좋은 책은 아니다, 라 는 문구가 떠올랐어. 어떤 분야든지 숨은 고수는 애써 드러내지 않는 것 같아.

섬들이 부른다

나리야! 연륜을 더해가며 국내에도 여기저기 많이 다니고 해외 여행도 할 만큼 했지.

이제는 날씨와 풍경이 좋은 한 곳에서 오래 머물고 싶기도 하고 국내의 섬에 가보고 싶었어. 청산도 거문도 백도와 울릉도 나리분지와 성인봉에 가보고 싶다는 생각을 품은 지 몇 년이 지났어.

'해외여행도 두 달씩 하는데 국내 섬 여행 못 할 것도 없지 뭐.' 세영에게 제안 했는데 흔쾌하게 좋다고 했어. 개나리 진달래가 막 피어나는 봄에 떠나기로 했지. 친정아버지의 생일과 기일이 겹쳐 있는 봄에 가족모임 마치고 고군산군도 청산도 제주도 거문도 울릉도 등 한 달 예정의 섬 여행을 계획 했어. 제주도는 오래전 두 번 정도 짧게 다녀왔으며 나머지 섬은 처음 가는 거야.

세영은 차로 이동하다 적당한 곳에서 쉬며 라면도 끓여먹고 야영도 한다며 텐트 침낭 조리도구까지 구매하고 난리가 났어. 짐만 많아지고 사용도 못 할 것이라는 예감이 들었지만 못하게 하면 두고두고 아쉬워할지도 모르니까.

"그래, 하고 싶은 것은 해 봐야 원망 안 하지."

떠나기 전날 거실바닥에 챙겨놓은 물건들은 이삿짐만큼 많았어.

"저렇게 많은 짐이 승용차에 어떻게 다 들어가?"

"차곡차곡 넣으면 다 들어가. 내가 알아서 할 테니 걱정 하지 마."

"구경하느라 힘든데 텐트에서 자는 것도 심란하고 밥 하는 것도 귀찮아."

"자기는 책 보며 글 쓰고 가만히 있어. 텐트치고 밥, 설거지 내가 다 할 거야."

믿음이 안 갔지만 할 수 없지 뭐. 떠나기 전날 밤 세영은 부피가 크고 미리 실어도 되는 물건을 가지고 내려갔어. 거실 한가득 늘어놓은 짐들이 거의 다 없어졌어.

"차에 다 들어갔어?"

"그럼, 당연하지."

"신기하네. 어디로 다 들어갔을까?"

"트렁크와 앞좌석에 차곡차곡 다 넣었지."

마지막으로 빠진 물건은 없는지 캐리어를 점검했어. 한 달 전에 구입 여행 중에 보려고 아껴둔 두툼한 책 『마르케스의 서재에서』도 챙겼어. 대천 항에서 첫 배 타려면 새벽에 출발해야 돼. 늦잠 잘까봐 알람을 맞춰두고 잠자리에 들었어. 다음날 04시 15분, 집에서 체크아웃 하고 드디어 국내 섬 여행 막이 올랐지. 새벽 서해안 고속도로를 달려 06시 10분 대천 항에 도착했어.

보령, 대천 항에서 삽시도 가는 길

 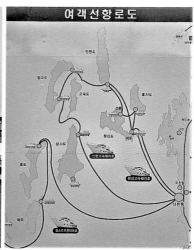

　나리야! 화살촉 모양을 닮아 '삽시도'라는 섬에 가기위해 여객선에 자동차를 선적하고 승선권 구매 후 기다렸어. 개찰 승선 07시 40 분 출항 신한해운 '가자 섬으로' 여객선은 끼룩끼룩 갈매기 무리와 아침인사 나누고 아침바다 물길을 가르며 달렸지. 08시 30분 삽시도 지명이 엉뚱한 '술 뚱 선착장'에 도착했어. 예전에 바닷가에 양조장이 있었다는구나.

　이른 봄 오전이어서 한가로운 삽시도의 진 너머 해수욕장과 거 멀 너며 해수욕장을 돌아보았는데 해변과 바다 풍경 모두 우리 전용이었어.

조용한 해변을 맘껏 헤매다가 삽시도 명물이라는 '면 삽지'로 향했지. 면 삽지는 1.5km 거리의 완만한 산책로였어. 썰물 때면 삽시도의 일부인데 밀물 때는 섬이 되어 붙여진 명칭 면삽지는 가파른 계단을 내려가야 했어. 면삽지 그 곳은 해식동굴과 작은 해안 조약돌이 인상적이었어.

썰물 때 갯바위 틈에서 샘물이 솟아난다는 물망터는 확인하지 못했어. 일반 소나무와 다르게 햇살에 붉게 빛난다는 황금곰솔도 햇살 부재로 평범했지. 숙소는 밤섬해변 근처 '대숩이네 팬션'에 짐을 풀었어. 아담한 방 주방 욕실 원룸이 5만원이었고 주인마님이 맛있는 배추김치 한 포기를 주었어.

새벽에 집에서 나와 허기져서 미역라면에 찐 계란 네 개 넣고 밥 한 공기에 사과 오렌지 커피까지 먹었지. 식사 후 바다를 보러 나갔어.

바람이 많이 불고 한적한 수루미 해수욕장 넓은 모래해변에 85세 할머니 한분이 호미로 모래를 파고 계셨어.

"할머니 추운데 혼자 뭐하세요?"

"바지락 캐는 거지유."

할머니가 플라스틱 바구니를 들어보였어.

"아, 바지락조개가 있네요. 추운데 할머니 혼자 나왔어요?"

"아들 딸 다 대처 나가 살고 심심 혀서 쬐금씩 캐는 거여."

"많이 캐셨는데 그만 들어가세요."

"그려 들어가야지."

할머니의 조개 캐는 모습과 함께 7시 30분경 파도가 하얗게 밀려드는 진 너머 해변노을은 바다를 붉게 물들이며 하루가 저물었어. 숙소에 들어가 저녁식사 주문했는데 데친 파 무침, 생굴, 김치, 조개젓갈, 홍합 바지락 국, 3만원이었어. 내일 아침 여객선으로 '장고도'에 갈 거야.

보령, 장고도

나리야! 짐을 챙겨 차에 싣고 술뚱 선착장으로 나갔어. 08시 30분 출항한 여객선은 장고도 대멀항에 45분에 도착했지. 섬의 지형이 장구 닮아 장고도, 선착장에 내려 마트와 식당을 운영하는 '마도로스 펜션'을 숙소로 정했어. 2층 202호에 짐 풀고 섬의 동남쪽 '장고도 해안 탐방로'를 걸었지. 앞 바다에 '돛 단여' 바위섬 뒤로 삽시도 밤섬 대화서도 녹도 호도 대길산도 외연도가 늘어서 있고 1.5km 해안 산책로는 완만하여 해안 경치 감상하며 부담 없이 걸을 수 있는 길이었어.

12시 15분 숙소식당에서 조기구이 숙주나물 파절임 톳나물 바지락 국 누룽지 숭늉까지, 삽시도 펜션 보다 맛은 두 배인데 식대는 반값도 안 되는 1만4천원이었어. 2층 방으로 올라가 과일과 커피 마시고 양치 후 한 잠 실컷 자고나니 오후 5시 반이더구나. 외출 준비하고 명장 섬 해수욕장으로 갔지.

세영은 해안에 솟아오른 모래톱으로 들어가서 노을사진 찍느라

여념이 없었어. 해변 유리네 섬마을 민박 쪽으로 걷는데 뒤 따라
오던 세영에게 문제가 생겼어.

"어, 휴대폰 어디 갔지?"

"방금 노을 사진 촬영하느라 정신없던데 휴대폰으로 안 찍었어
요?"

"아니, 카메라로 찍었는데!"

"주머니 가방 잘 찾아봐요. 혹시 차에 두고 내린 것 아닌가?"

"이상하다. 분명 차에서 챙겨 나왔고 내려놓은 적도 없는 것 같
은데!"

평소 나에게 가방 조심해라. 소지품 잘 챙겨라. 잔소리 쟁이 인
데 여행 중 실수는 세영이 한단다. 어디 있겠지. 생각하며 사진만
찍고 있었지. 3월 중순 저녁 해변에는 우리밖에 없었어.

"휴대폰 잃어버려서 걱정인데 자기는 사진만 찍고 있는 거야?"

"아니, 정말 없어요?"

"그러면 가짜로 없다고 하나?"

"만날 나보고 뭐 잃어버리지 말라고 하더니! 좀 전에 해변 안쪽에 들어가 앉아서 사진 찍던데 그 때 떨어진 것 아닐까?"

"아, 그랬나 보다."

모래톱은 벌써 바닷물에 잠겨 있었어.

"모든 정보 예약 지도 등 자료가 휴대폰에 저장 되어있어. 휴대폰 없으면 여행 일정 여기서 중단해야 할지도 몰라."

허둥지둥 일몰 풍경을 촬영 하던 곳으로 달려가고 나도 따라갔어.

세영은 바지와 양말 신발을 벗고 물이 차오른 바다로 들어갔어.

'정말 휴대폰이 저 곳에 떨어졌을까? 못 찾으면 여행도 무산되는 걸까? 어두워지고 있는데 내일 썰물 때 확인해야 하나? 찾아도 바닷물에 빠져 사용불능 되는 것 아닐까?' 물음표가 붙은 여러 생각들이 오락가락했어. 한참 후 세영이 손을 번쩍 들고 흔들었어. 빨리 건져서 다행이었지. 전원 끄고 숙소로 돌아가 물에 씻은 다음 욕실 드라이기로 말렸어.

"바닷물에 잠긴지 오래 되지 않았고 요즘 폰 방수 되어 괜찮을 것 같아."

"그래, 한 번 켜 볼까?"

전원을 켜고 인터넷부팅을 했는데 멀쩡해서 안심이 되었어. 여행 초반에 한바탕 살풀이를 한 기분이야. 내일은 08시 45분 여객선을 이용, 대천 항으로 나가 여동생 현지네 집으로 갈 거야. 가는

길에 정주에서 언니 태우고 여동생 둘과 합류하여 다음날 오전 부
모님 계신 선산에 갈 거야.

대황강변, 스머프 집

선잠을 자다 05시에 일어나 샤워하고 미역국라면과 찐 계란 공기 밥으로 이른 아침 식사를 했어. 숙소 마도로스 펜션 뒤 창문으로 장고도 보건 진료소와 '미소 친절 청결 만세 보령'을 슬로건으로 내건 파출소, 자율방범대가 모여 있고 앞 바다 너머에는 오래된 집이 많아 고대도 라는 섬이 길게 누워 있구나.

소지품 정리 승용차에 싣고 07시 15분에 선착장으로 나갔어. 차량 선적하고 시간이 남아 대멀 항 주변을 어슬렁대는데 여객선 안내인이 말했지.

"지금 배 출항 할 것인디 안 타유? 한 3일 묵혀놔야 정신 뽀짝 차리는디."

아저씨의 재미있는 농담에 장고도 푸른 바다에 반짝이는 아침 햇살만큼 유쾌해졌어.

나리야! 잃어버린 휴대폰 못 찾았으면 아마 농담도 귀에 들어오지 않았을 거야.

'가자 섬으로' 여객선은 갈매기와 함께 고대도 거쳐 열시 쯤 대천 항에 입항했고 선내에서 세영과 함께 승용차를 타고 하선했어. 죽도 한국식 정원 '상화원' 보려고 입구에 도착했는데 4월 개방이라는 안내 문구에 실망하며 발길을 돌렸어. 죽도는 남포 방조제가 완공되면서 육지가 되었고 상화원은 한 기업이 20년 이상 가꿔온 정원으로 2009년부터 일부 개방이 되었대.

상화원에서 정주로 가는 길에 명지 언니한테서 오늘 하던 일이 남아 함께 못 간다는 연락이 왔어. 내일 아침 선산이 있는 읍내 터미널에서 만나자며 먼저 가라고 했어. 여동생 희지와 통화 후 막내 현지와 셋이 빛고을에서 만났지.

나리야! 채선당에서 샤브샤브 식사 후 조카가 운영하는 카페에 들러 카페라테, 모카 마끼야또 등 커피가 맛있어서 네 명이 여섯 잔을 마셨어. 근처 마트에 들러 식료품 구매 후 현지네 스머프 집에 들어서자 애완견 방글이와 풍산개 소풍이가 꼬리 흔들며 점프하고 난리가 났어.

"방글이 소풍이 가만히 있어."

현지가 언성을 높이자 꼬리만 흔들며 맴돌고 구매물품 정리 중 제부가 퇴근했어.

"저녁 식사는 강변 맛 집 '장어명가'에 예약 했어요."

"집에서 간단히 먹으면 되는데 뭘 예약하고 그래요?"

"일 년에 한두 번 보는데 간단히 먹으면 안 돼요."

"오늘 맛있는 음식 너무 많이 먹어 큰 일 났네."

저녁 무렵 강변 드라이브 겸 맛 집에서 식사하고 막내 현지네로 돌아왔어. 오늘도 긴 하루가 저물었구나.

봄 꽃놀이 같은 생일과 기일

아버지 기일 아침, 새벽에 잠이 깼는데 세영이 말했어.

"대중교통으로 오려면 언제 올지 모르는데 처형이나 데리러 갈까?"

"그러면 선산에 더 빨리 가고 좋지."

언니와 통화 하고 06시 20분 출발했어. 정주에 도착해 명지언니 태우고 현지네 집에 되돌아온 시간은 09시였어. 언니가 대중교통으로 왔으면 열한 시가 넘을 텐데 두 시간은 앞 당겨 돗자리와 음식을 챙겨 부모님 선산으로 갔지. 돗자리와 접이식 상을 펴고 음식을 차리는데 놀랐어.

나리야! 여동생 희지와 현지가 준비한 음식은 '사과 배 오렌지 밤 곶감 포 술 숙주 고사리 도라지 전복 조기 쑥부쟁이 나물 쑥국'까지 친정엄마 닮아 맛깔스러운 음식을 골고루도 준비했더구나. 직접 캤다는 봄나물 쑥부쟁이와 쑥국 향은 오래도록 잊을 수 없을 거야. 친정아버지 생일은 진달래가 피기 시작하는 봄이어서 생전

에도 봄나들이 삼아 다녔지. 기일도 생일과 같아 꽃들이 피어나는
계절에 가족이 만나게 해주니까 신기하구나.

제부들과 자매들 만남, 햇살 좋은 봄 날 오전에 동백과 잔디가
계단식으로 잘 가꾸어진 전망 좋은 동산에 소풍 나온 기분이었어.
가위로 봉분의 긴 풀을 잘라낸 뒤 제례를 올리고 둘러앉아 음식을
먹는데 소문난 한정식 부럽지 않은 식사였지.

나리야! 오랜만의 만남을 뒤로하고 희지와 현지는 집으로, 명지
언니 세영과 나는 한 달 섬 여행 행선지 새만금 항으로 헤어졌어.
가는 길에 명지언니 집에 내려주고 갈 거야. 착잡한 이별 여운에
언니는 조용히 창밖만 보고 세영은 운전만 했지. 명지언니 집 앞
에 내려주고 우리는 어느새 선유대교 건너 무녀도 신시도항 지나
망주봉이 보이는 선유도에 도착했어.

처음 와 보는 선유도 해수욕장, 올망졸망 독특한 섬들이 군락을

이루고 있는 모습에 자매들과 헤어지는 섭섭함도 잊은 채 설레었어. 고군산군도 예순세 개 섬 중 유인도는 열세 개이며 파도가 높아도 내항은 호수처럼 고요하다고 해.

부모님 선산에서는 여름이 온 듯 더웠는데 선유도는 바람이 불어 겨울 같았고 썰물에 갯벌이 드러나 있더라. 초록색 등대와 망주봉, 해변의 인공 소라와 정자 이국적인 풍경을 사진에 담은 뒤 선유도 펜션 302호에 짐을 풀었어.

삽시도 숙소가 시골 자취방이라면 선유도 펜션은 깨끗한 침대 싱크대 냉장고 전자렌지 등 호텔이었어. 며칠 너무 잘 먹어서 과일과 여동생들이 챙겨준 곶감으로 저녁을 대신했어. 내일은 선유도 주변과 장자도를 돌아볼 예정이야.

오늘도 하루해가 저물었구나. 나리야! 잘 자.

군산, 선유도 새만금 항

나리야! 선유 펜션에서 새벽에 일어났는데 재채기 콧물에 감기 몸살 기운이 있구나. '며칠 동안 들떠서 무리 했나?' 챙겨온 쌍화탕에 과립 한방 감기약 먹고 비몽사몽 누어있었어.

08시에 일어나 냄비에 무와 김치, 라면 한 개, 찐 계란 세 개 넣어서 밥 한 공기와 함께 먹었어. 샤워하고 나왔는데 설거지 마친 세영은 TV 켜 놓은 채 코를 골며 다시 잠들어 있었어. 여행 중 한가할 때 보려고 아껴두었다 가져온 『마르케스의 서재에서』책을 꺼내 머리말과 차례를 보았어.

맺음말을 본문보다 먼저 읽을 때도 있지만 이 책은 뒷부분에 부록이 1. 2. 3으로 붙어 있어 마지막에 보기로 했어. 식탁에 앉아 몇 페이지 읽으며 집중하려던 때 세영이 일어나기에 책을 접어두고 외출 준비 후 나왔어. 둘 다 피로가 누적되어 선유도 장자도 돌아보고 오후 목포 쪽으로 가려던 계획을 수정, 선유펜션에서 하루 더 쉬어 가기로 했어.

어제 오후 낙조가 아름답던 선유도 아침풍경은 망주봉 절벽, 장자 할매 바위, 우뚝 솟은 700m 선유스카이 SUN라인이 어제와는 또 다른 분위기를 연출했어.

선유도 풍경   해안 산책로

장자대교 지나 주차하고 선착장 해안가에서 대장도 관리도 등 섬과 어선들이 오가는 아름다운 경치에 가슴이 시원해졌어. 장자도 둘레길 걸으며 해안가에서 한가롭게 낚시하는 사람들, 오가는 어선, 섬 풍경 사진 찍느라 시선이 분주한데 길가 풀숲에 겨울 추위를 이겨내고 함초롬하게 꽃피운 하얀 사프란이 '나도 좀 봐 주세요!' 하듯 해맑은 미소를 보냈어.

고개를 들자 둘레길 맞은편 해안가 데크 산책로 풍경에 끌려 건너가서 몇 시간을 걸었는지 다리가 아팠어. 선유도 고군산군도 인근 바다에 마흔 일곱 개 무인도와 열여섯 개 유인도가 군락을 이루며 그림 같은 천혜의 비경이 펼쳐졌어 .

숙소로 가는 중에 세영 큰 여동생한테서 전화가 왔어. 동서 둘과 셋이 2박 3일 변산반도 주변 여행 중인데 마지막으로 선유도 보고 귀가할 예정이라고 했어. 선유펜션 2층 '할리스 카페'에서 만났어. 세영과 시누이 동서님들 모두 아메리카노 나는 오후에 커피 마시면 잠을 못자 고구마 라떼 주문했지.

차를 마시며 여행담을 나누다 다섯 시 쯤 카페를 나왔어. 우리는 3층 숙소로, 사이좋은 자매처럼 여행을 함께하는 세 동서는 선유도 장자도 돌아보고 집으로 간다고 했어.

동서끼리 사이좋게 여행하는 것도 흔한 일은 아니지. 특별한 인연으로 가족이 되어 신뢰가 쌓이고 여행도 다닐 수 있다면 성공한 관계라는 생각이 들었어. 내일 아침에 준비 되는대로 목포 쪽으로 갈 거야.

느림의 섬, 증도 설레미 캠핑장

  나리야! 새로운 하루가 밝아 선유 펜션 10시에 체크아웃 했어. 주변 경관이 아름다워 신선들의 놀이터였다는 선유도 해변과 망주봉을 뒤로하고 새만금 방조제 수변로 소라쉼터, 바람쉼터와 김제 너울쉼터를 지나갔어. 서해안 고속도로 들어서 정읍 영광 함평 무안 통과 신안 증도에 도착했어.

  우전마을 입구에 들어서자 수령 500여년 된 자태가 국보급인 팽나무가 시선을 사로잡았지. 마을의 무병장수, 번창을 기원하는 당산나무는 길목 명당에 자리 잡고 여름이면 시원한 그늘을 만들어 나그네와 마을사람들 쉼터가 되어줄 것 같아. 논밭 사이 진입로 따라 마을 뒤 설레미 캠핑장까지 들어갔어.

우전마을에 멋진 한옥 펜션과 해변에 데크 야영장, 캠핑카들이 보였어. 해안 데크 위에 한 커플이 텐트 설치 중이었어. 솔숲에 두 개의 대형텐트가 있고 토요일이지만 3월말이라 한산했어. 세영은 관리인과 면담 후 만족한 표정으로 다가왔어.

"솔밭에 텐트 치고 김치찌개랑 밥해 먹자."

"나는 모르겠어. 마음대로 해."

캠핑카에 묵고 싶었지만 세영이 텐트 침낭 돗자리 등 바리바리 챙겨 왔으니 사용해봐야지. 텐트 설치하고 침낭 캐리어 아이스박스 식재료 꺼내 한 살림 차린 다음 쌀을 씻어두고 저녁때까지 여유가 있어서 주변 산책에 나섰어.

마을 뒷동산 오솔길을 오르다 뒤돌아서자 볏짚 파라솔이 운치 있는 고운모래 해변과 절벽 위 엘도라도 리조트, 쉼 없이 밀려오는 파도, 높은 곳에서 바라보는 전망이 역시 아름다웠어. 산책로 옆 밭에는 파릇파릇 시금치, 봄동, 파가 자라고 진달래꽃이 활짝 피어있었지. 진달래 꽃잎 하나 따 먹으며 '왕바위'라는 파란색 팻말이 세워진 곳에 도착했어. 주변 해안에 호랑이 바위, 공덕 바위, 만리장성 바위 등 생성연대 추정이 까마득 오래된 기암괴석이 많고 중도 모실 길, 갯벌 공원길이 조성되어 있다고 해.

왕바위 산에서 내려오는데 '면 섬' 뒤로 지는 해가 푸른바다를 황금색으로 물들였어. 눈부신 일몰은 오늘의 선물 같구나.

낙조   솔밭 텐트

 나리야! 살랑살랑 불던 봄바람이 차츰 거세어졌어. 씻어놓은 쌀로 밥을 짓고 햄을 넣어 보글보글 끓인 김치찌개와 김만으로도 저녁식사는 꿀맛이었어. 텐트 안에 등불 켜고 하루일과 메모한 뒤 휴대폰을 보는데 신안 목포 등지에 강풍주의보가 내려졌어. 어쩐지 보통 바람이 아니었지.

 텐트 설치한 곳은 마을 쪽 솔 숲 아래여서 자동차를 텐트 옆에 바짝 붙여놓고 패딩까지 입고 침낭 속으로 들어갔어. 바람은 밤새 아우성치며 텐트를 마구 흔들어댔지. 어떻게 할 생각도 못한 채 바람이 멈추고 밤이 지나가기만 기다렸어. 비몽사몽 선잠을 자고 여명이 밝아오자 텐트 지퍼를 열고 나가보았어. 주변 텐트가 모두 사라지고 작은 우리 텐트만 달랑 남아 있었어.

 '캠핑카나 펜션으로 옮긴 걸까?' 주변머리 없는 우리만 아우성치는 바람과 함께 잊을 수 없는 설레미 캠핑장의 요란한 하룻밤을 보냈지. 라면 끓여 남은 밥으로 아침 해결하고 '자은도'에 가기위해 짐을 꾸려 차에 실었어.

천일염의 고장, 태평염전

나리야! 바람소리 요란했던 설레미 해변 솔숲과 팽나무가 멋진 우전마을에서 왕바위 여객선 터미널로 갔어. 바람이 살짝 잦아들 었지만 '기상악화로 선박 결항' 문자가 전광판에 떠 있구나. 자은 도 여객선 입항 일정이 무산되어 태평 염전으로 갔어.

증도는 청산도 담양과 함께 우리나라 최초 유네스코 슬로시티 로 지역이야. 광활한 태평염전은 우리나라 최초 소금 생산지이고 증도 역시 CNN 한국의 가 봐야 할 곳 선정 장소라고 해.

남한의 유일 석조 소금창고는 인근 산에서 돌을 가져와 지어졌 으며 4면이 바다로 예순여섯 개 소금 저장고에 품질이 우수하기 로 소문나 있어. 소금의 어원은 '소나 금처럼 귀하다.'는 의미이 며 소금小金에서 유래했대. 소금박물관에는 세계 소금 생산지와 생산과정, 쓰임새가 잘 설명되어 있었어. 특산품 판매장에서 함초 소금과 톳 앤 젤리를 구매했어. '소금은 상처, 아픔, 눈물이며 그 눈물이 있어 맛을 낸다.' 류시화의 시가 있구나.

갯벌

천일염 매점

증도 명물 짱뚱어 다리는 갯벌위에 조성된 470m 목교였어. 썰물에 드러난 갯벌에 작은 게와 짱뚱어가 들락날락 하고 진흙고랑에서 물고기가 튀어 올랐어.

태평염전 박물관 관람 후 소규모 염전지대와 증도대교 지나 '선도' 수선화 축제 보려고 선착장으로 갔는데 여객선 출항 정지였어.

자연이 주는 아름다움과 시련은 인간의 마음처럼 변덕스럽다고나 할까? 태풍 영향으로 인근 바다길이 막혔어. 암태도 가려고 천사1004 대교 입구에 들어서는데 조금 어수선하고 도로변에 공사중인 사람들이 있었어.

"며칠 전 개통한다고 해서 왔는데 아직 안 했어요?"

"모레 개통 한다요."

'미 개통이라고? 천사대교 너마저!' 진짜 실망했지. 사실 집에서 섬 여행 계획하며 3월말 천사대교 개통 뉴스 들었는데 4월 4일에나 개통이라는 말에 난감했어. 인근 송공항 여객선 터미널도 풍랑으로 역시 선박 출항 정지였지. 세영이 선착장에 다녀와 말했어.

"개인 선박이 승용차까지 5만원에 암태도 간다는데. 얼른가자."

"풍랑으로 출항 금지라며 그렇게 가도 되나?"

"심한 바람은 지나갔고 거리가 가까워 금방 도착한대. 괜찮아."

조금 불안한 마음으로 승선했는데 파도에 선박은 뒤뚱거리고 바닷물이 여객선 안 자동차까지 튀었지만 암태도 오도선착장에 무사히 입항 했어.

보라 꽃무리 섬 안좌도, 퍼플교

퍼플교

나리야! 오도 선착장 위 천사대교로 따라 증도 왕바위 여객선 터미널과 가까운 자은도 옆 암태도에 빙 돌아 도착했어. 암태도는 암석과 돌이 많이 흩어져 붙여진 명칭이며 섬 복판에 승봉산이 우뚝 솟아 있어.

안좌도는 목포 무안 앞바다 신안 열네 개 섬의 중심지며 안좌도와 팔금도가 신안 1교로 이어지고 간척공사에 의해 안창도와 기좌도가 하나의 섬이 되면서 '안좌도'가 되었다고 해. 암태도 중앙대교 건너 팔금도의 신안 1교 지나 안좌도 퍼플교 입구에 도착했어. 세영은 자동차에 튄 바닷물 적당히 닦아내고 온다며 먼저 퍼플교 구경하라고 했어. 섬 주변에 보라색 꽃이 많아 퍼플교라 이름 지었대.

두리박지 퍼플교

퍼플교 조성하게 된 사연은 바가지 모양 박지도에서 평생 살아온 김매금 할머니 소원이 목포까지 걸어서 가보는 것이었대. 할머니의 소원은 주민 모두의 염원이기도 했어. 2007년 47억 사업비를 마련 개펄을 가로질러 목조 퍼플교가 조성되었고 전라남도에서 가장 가고 싶은 섬으로 선정 되었어.

범죄 없는 마을 박지리 표지석과 이정표가 정겹구나. 퍼플교 두리, 박지 구간과 박지에서 반월까지 1.5km 바다 위 데크 산책로에서 툭 트인 자연풍경에 심호흡하면 가슴이 시원해지고 지친 심신을 치유해주는 것 같아. 목교 중간 양쪽에 쉬어갈 수 있는 전망대를 지나 가다보면 어느새 퍼플교 마지막 반월도 천사공원에 도착해.

공원 주변 카페 음식점 섬 안내도 보며 반월도 해안산책로와 박지산 어깨산 둘레길도 걷고 싶지만 마음뿐이지. 섬 형상이 반달 모양인 반월도 '당 숲'은 아름다운 생명의 숲에 선정되었고 수백 년 된 세 그루 팽나무는 신안군의 보호수라고 해.

정갈한 김환기 고택

　나리야! 반월도 퍼플교 뒤돌아 나오는 길목에 김환기 화백 고택 표시가 보여 정차했어. 집 앞 정원 지나 돌계단 올라가 솟을대문으로 들어갔어. 안좌도 읍동리 자전거길 옆 야트막한 산 아래 김환기 화백이 1913년 태어났다는 생가 기와집은 매화 목련 개나리가 피어나고 있었지. 따사로운 햇살 아래 1920년 건축 원형을 유지하고 있는 정갈한 고택에 화백의 기념비 연보와 그림이 전시되어 있고 네모난 두레박 우물과 마당 귀퉁이 장독대가 어울렸어.

　김환기 화백의 '우주'라는 작품이 홍콩 경매에서 153억 원에 낙찰 되었다는 기사를 보았는데 출생지가 이 곳 안좌도였구나. 화백은 오래전 세상을 떠나고 명성과 그림은 남아 후손이나 누군가 소장하고 있겠지. 김환기 화백 고택 맞은편에 이영태 소리명창 기념관도 있더구나. 잔디마당에 소박한 붉은 기와집과 사진 안내문이 있어서 잠시 둘러보고 나왔어.

김환기 생가

이영태 생가

안좌도에서 목포로

나리야! 안좌도에서 하룻밤 쉬어가려 했는데 적당한 숙소가 없었어. 송공항으로 나가려고 오도선착장에 거의 도착했는데 '이게 웬일이지?' 승용차 세 대가 미 개통 천사대교로 진입하고 있는 거야.

"개통 안 했는데 저 사람들은 뭐죠?"

세영이 순간 그 자동차들을 따라 천사대교로 진입했어. 개인 선박으로 5만원씩 내고 바닷물 튀어가며 송공항으로 가려다가 얼떨결에 미 개통 1004 대교로 들어간 거야.

'괜찮을까?' 긴장했지만 1004 대교 13km 무사히 통과했어. 개통 이틀 앞두고 마무리가 조금 덜 되었지만 자동차가 지나가도 별 문제는 없었지. 정당한 것은 아니었지만 약간 스릴이 있었다고나 할까. 송공리 지나 목포국제여객 터미널까지 일사천리 달려갔어.

다음 날 09시 제주행 여객선 승선권 예매하고 터미널 인근 호텔에 숙소를 정했어. 자동차에서 하루 필요한 소지품만 챙겨 룸에 옮겨두고 밖으로 나왔어. 호텔 뒤 쪽은 한 동안 언론에서 시끄러웠던 목포 중앙동 구도심 '역사의 거리'였지. 근대 역사관, 미술관, 양동교회, 창성장 등 역사의 흔적이 남아있는 장소를 보고 목포역 방향으로 걸었어.

목포 구도심 골목에서 유달산이 보이고 케이블카 공사 중이었어. 강강술래와 이순신장군 전쟁 전술의 유래由來가 있는 노적봉, 고래바위, 투구바위가 유달산에 점점 다가가며 올려다보니 산과 바위가 거대해 보였어. 30여 년 전 아이들과 유달산 조각공원에 다녀온 기억이 아련하게 떠올랐어. 목포역 방향 길목에서 뜻밖에 아름다운 풍경을 만났어.

목포 민어거리

빛의 거리

섬, 섬들

4월초 목포역 주변은 빛의 축제가 열리고 있었지. 민어 거리, 건어물 해산물 상가 거리, 젊음과 빛의 거리에 꽃과 별 물결무늬 전통문양과 파스텔색채가 어우러진 아치 조형물이 설치되어 환상적인 분위기였어.

"은행에 일처리 하고 얼른 들어가 자야지."

화려한 불빛과 조명 다양한 문양에 홀려 떠날 줄 모르는데 세영이 그만보고 가자고 재촉하는 거야.

"무슨 은행 일을 봐. 그냥 구경 나온 거 아니었어?

"구도심 구경도 하고 은행에도 가야해서 나온 거야."

"그러면 은행에 얼른 다녀와."

목포역사 맞은편 국민은행에서 출금했어. 여행 중에 현금이 필요할 때도 있거든. 택시 타고 호텔에 돌아가 곶감과 초코바 과일로 저녁식사 대신했어.

제2부
삼다도 통신

제주도 가는 날

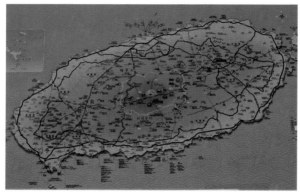
제주 지도

새벽에 잠이 깨 샤워하고 소지품을 정리한 뒤 세영은 아직 기상 전이라 며칠 만에 책을 펴들었어. 모처럼 깨끗이 씻고 맑은 정신으로 낯선 지방 호텔 방에서 읽는 책의 맛은 색다르구나. 세상 무엇보다 책을 구입하는 비용이 저렴하며 서책은 하나가 아니고 제작된 서書가 있어야 책冊이 존재한다는 사실, 책의 도입부부터 알찬 내용으로 채워진 것 같아 행복했어.

나리야! 나는 아침 형 인간 같아. 오전에 기분이 좋으며 일도 편하게 하는데 오후 네 시 정도 되면 기운은 떨어지고 무기력해지거든. 한 시간 쯤 책을 읽는데 세영이 일어났어. 곶감 오렌지 사과로 간편 아침식사 했어.

둘째 여동생 '희지'가 챙겨준 곶감은 아이스박스에 넣어두고 여행 중 요긴한 간식이 되어 감사한 마음이 드는구나. 희지와 제부가 대봉 감을 직접 깎아 정성껏 말려 보관하다 잘 안 먹게 된다며 한 보따리 주었고 감과 곶감을 좋아하는 세영은 반색했어.

숙소에서 나와 여객선 터미널로 갔어. 세영은 차량 선적과 함께 승선하고 나는 터미널에서 티켓 구매 후 대기했어. 08시 20분 개찰구 통해 제주행 '산타루치노'호에 승선하여 312호 창가에 자리 잡았고 소요 예정시간은 4시간 30분이야.

정시에 출항한 산타루치노호는 목포대교 아래로 미끄러져 가고 있구나. 선실에서 사진을 찍었는데 유리창 먼지로 흐릿해 삭제하고 갑판으로 나갔어. 강풍으로 서 있을 수 없어 목포항 풍경 몇 컷 찍고 후다닥 선실로 들어갔어. 선실 창가에서 정박하고 있는 유조선과 어선들, 모자를 쓰고 있는 형상의 섬이 보였어. 산봉우리에 바위가 올라앉은 모습이 인상적이었어.

섬과 섬이 달려와 겹치다가 뒷걸음질하고 수시로 변신하며 멀어져가는 풍경과 출렁이는 엄청난 물을 바라보았어. '저 많은 물은 어떻게 생성된 걸까?' 거대한 자연 앞에 왜소한 인간에 대해 다시 한 번 인식하며 선실 바닥에 앉아 책을 펴들었어.

'고속 페리 산타루치노 호는 목포 제주 서해상 강한 역조로 1시간 연착'한다는 안내 방송이 나왔고 오후 두 시 제주항 국제 여객선 터미널 6부두에 입항했어. 차량 선적한 승객은 미리 갑판으로 내려가라는 안내 음성에 따라 승차한 채 제주 땅으로 미끄러져 들어갔지. 서귀포 쪽으로 갈 예정이어서 한림읍 도로변에서 충전과 세차 한 다음 중문단지 방향으로 이동했어. 산방산과 송악산 사이 서귀포 인덕면 'M K 펜션 리조트 RESORT' 앞에 도착했어.

제주에는 두 번 정도 다녀왔고 오랜만에 세 번째 방문이며 안 가 본 곳 위주로 천천히 기한을 정하지 않고 머물기로 했어. 제주의 수많은 동산 오름 중에 몇 군데라도 가 볼 거야.

펜션 정원

단산

펜션 앞 들과 바다

리조트에서 먼저 눈에 띈 것은 산방산 우측에 기와지붕 모양 산이었어. 제주하면 관광지 바다 폭포 오름 등 유명한 곳이 많은데 방송 책 인터넷 검색에서도 본적이 없는 모습이었지. 둥근 오름이 아닌 기와집 형태 산이었어. '한라산과 오름 들은 거의 완만하고 둥근 모양인데 저 산은 오름이 아닌 걸까?'

서귀포, 산방산과 단산 사이

나리야! 시원하게 넓은 부지에 자리한 MK 펜션 리조트 정원 앞에 말들이 풀을 뜯고 검은 화산석 담장 옆 화단에는 봄꽃들이 가득했어. 돌담 너머 유채꽃이 지천인 탐라국의 이국적인 야자수와 밭에는 크고 노란 유자 열매가 주렁주렁 매달려 있구나. 그 옛날 제주도는 독립된 나라였다고 하지.

젊은 여주인과 상담 후 2층 201호 방을 배정 받았어. 신축 펜션이어서 깨끗한 시설과 주방기구에 그릇도 코렐세트였어. 계속 살아도 싶을 만큼 만족했지. 커튼을 열었는데 테라스에서 푸른 제주 바다의 바위섬이 손에 닿을 듯 가까워 보였어.

자동차에서 캐리어와 아이스박스 식료품 가방 꺼내 방에 올려두고 해가 지기 전에 주변 산책하기로 했어. 해가 지려면 한 시간 정도 여유가 있을 것 같아 먼저 바닷가에 다녀오기로 했지. MK 펜션은 1층에 '의정부 부대찌개'라는 식당도 함께 운영하고 있었어.

바다 방향 따라 예쁜 카페 공방 저수지 유채꽃 밭을 지나 사진을 찍으며 가는데 가도 가도 바다는 안 나오고 마을과 넓은 도로가 나타났어. 숙소 베란다에서 바라본 바다는 점점 멀어졌어. 오래전 아르헨티나 칼라파테 '월리체 산'이 가까워 보여 걸어갔다가 일곱 시간 헤매고 돌아온 생각이 나더구나.

차를 끌고 왔어야 하는데 맑은 공기에 시야가 툭 트여 실제보다 가까워 보인 착시현상을 탓해야 할까? 해는 지고 있었고 "안 되겠어. 곧 어두워질 텐데 내일 차 끌고 다시 오자." 세영이 돌아가자고 했어. 20분 쯤 걸으면 바닷가에 당도할 줄 알았는데 보기보다 정말 멀었어.

나리야! 뒤돌아 오는데 기와지붕 모양 산 뒤로 해가 지고 있는 거야. 야자수와 유채 꽃밭이 저녁노을에 물들었어. 자연이 짧은 순간 그려주는 화려한 풍경화를 사진에 담으려 셔터를 눌러댔지. 해가 지고 어둑해져서 도착한 펜션도 불빛에 다른 건물 같았어.

카운터에 여주인이 보여서 1층 부대찌개 식당에 들어가 잠시 이야기를 나누었어.

"2층에서 가까워 보여 바다 보러갔다 갈수록 멀어지고 어두워져 되돌아왔어요."

"네, 보기보다 멀죠?"

"네, 그런데 저쪽 산이 특이하고 해지는 모습이 예쁘던데 이름이 뭐예요?"

함께 식당 밖으로 나왔어.

"아, 저기 저 산! 단산 이예요."

"단산, 달콤한 산인가?"

"바굼지 오름이라고도 해요."

"바굼지, 무슨 의미인가요?"

"커다란 박쥐가 날개를 펴고 있는 모습, 또는 대바구니라고 해요."

"아, 재미있네요. 단산, 처음 본 느낌이 양쪽 끝이 날렵한 기와지붕 같았어요. 완만하고 둥근 대부분 오름과 다르고 산 뒤로 지는 일몰에 반했어요."

소쿠리 단簞을 사용 단산簞山이라고 했어. 단산은 해저에서 융기하여 형성된 분화구가 없는 형태로 제주 오름 중에 연대가 오래되었대.

젊은 여주인은 조선족 여직원 1명과 식당 리조트를 운영하고 있다고 해. 아직 알려지지 않아서 인지 투숙객은 몇 명 안 되고 한가했어. 내일쯤 부대찌개 한 번 먹어보려고 해. 오늘은 방에 들어가 미역국 라면에 아이스박스에 남은 밥으로 저녁을 대신했어. 목포에서 제주로 이동하여 긴 하루여정을 마치는 중이야. 내일은 숙소에서 6km 정도 거리 송악 선착장에서 국토 최남단 마라도에 다녀오려고 해.

국토 최남단 마라도

나리야! 상쾌한 서귀포의 아침, 마당에 주인 부부가 정원에 물을 뿌려주고 있었어.

"안녕하세요. 잘 주무셨어요?"

"네, 잘 잤어요. 방이 깨끗하고 주방그릇까지 다 맘에 드네요."

"네, 투어 나가세요?"

"지금 송악에서 마라도 먼저 다녀올까 해요."

"오전에 마라도 갔다 와서 오후에 용머리 해안 돌아보면 좋아요. 저희도 가끔 걸어서 다녀오거든요."

"네 그럴 예정이에요."

마라도 가는 여객선이 출항하는 송악산 선착장 주차장에 차 세워두고 마라도 09시 20분 발 승선권 구매했어. 출항시간 여유가 있어 송악 산이수동山伊水洞 해안가 해녀조각상과 형제섬, 산방산을 사진에 담았어. 해안에 갈매기는 없고 참새들과 고양이가 많구나.

'마라도 가는 여객선'은 정시에 출항 했어. 제주의 맑고 시원한 바람 푸른 바닷물을 가르며 송악산이 멀어지고 청 보리밭과 유채 꽃이 장관이라는 가파도가 보였어. '가고파서 가파도 인가?' 예정에 없고 못 가는 섬은 호기심과 아쉬움이 더하는 것 같아. 뒷걸음 치는 가파도, 아쉬움에 뒤돌아보니 산방산 한라산 제주 해안선 풍경이 더욱 아름답구나.

마라도에 가는 도중에 가파도가 그립고 바다에서 바라본 제주가 더 환상적이라고나 할까! 출항 30분 만에 마라도 살레덕 선착장에 입항했어. 여객선에서 3m 정도 높이 해안절벽 울퉁불퉁 화산암과 해식 동굴 모습에 감탄하며 국토 최남단 마라도 땅을 밟았어.

마라도 절벽 동굴

바다 제주 풍경

마라도 지도

최남단비

앞서가는 사람들 뒤따라가는데 마른 풀과 들꽃 언덕 위에 하얀 마라등대가 보였어. 등대공원에 세계 유명 등대 모형들이 세워져 있고 베이지 갈색 톤의 버섯모양 독특한 마라도 성당이 보였어.

성당 앞 지나 우측 야트막한 바닷가 해양경찰청과 관광 쉼터에 도착했어. 태극기와 서귀포 해양경찰기가 나란히 펄럭이는 건물 앞 광장에 국토 최남단비와 위치표시 대리석비, 마라도 지도, 대리석 나침반이 있더구나.

해안가 울퉁불퉁 화산암 바위에서 인증 샷 촬영하는 여행객 뒤로 떠있는 선박과 푸른 물결 가득한 망망대해를 바라보았어. 각자 제주에 와서 한 배를 타고 국토 최남단 마라도의 같은 풍경을 보는 사람들 모두 비슷한 생각을 할까?

마라도와 제주도는 지형이 닮았어. 방향과 면적은 다르지만 지도 모양이 비슷하고 섬 전체가 현무암 덩어리라고 해. 마라도 해안 둘레 길 4.2km 명칭은 '마라로'이며 원래 원시림이 울창했는데 조선시대 경작지 개간으로 모두 불타버렸대. 훗날 주민들이 나무를 심었지만 잘 자라지 않았고 현재는 대부분 초지에 야트막한 언덕과 풀숲이 있어.

야생난초 갈대 선인장이 자생하며 59가구 127여명의 주민이 거주하고 있어. 성당, 사찰, 유명한 자장면 집, 마트, 초등학교 필요한 것은 다 있구나. 마라 분교는 휴교라는 안내문이 붙어 있는 것을 보니 취학아동이 없나봐.

선착장 근처 해안 옆 본향 신에게 제를 올린다는 검은 화산 석으로 쌓아놓은 할망당 표시가 보였어. 할망당에 가보려고 하는데 배 출항 시간이라며 빨리 오라고 했어. 체류 시간이 좀 더 여유가 있어야 할 것 같아.

마라도 할망당

바다, 산방산 풍경

절울이 오름, 송악산 산책로

산방산

나리야! 11시 20분, 승선 마라도 살레덕항 출항 제주 산이수동 항으로 갔어. 선착장에 내려 '놀 멍, 쉬 멍' 걷는다는 송악산 둘레 길로 올라갔어. 송악산 해안 암석 벼랑에도 동굴이 많은데 자연 해식 동굴이 아니었어. 얼핏 보면 마라도 해식 자연동굴과 같은데 일제 강점기 태평양 전쟁 말기 제주 도민과 육지에서 강제 동원된 노동자들이 혹사당하며 구축한 일본군 자살 특공대 비밀 진지였 다는구나.

송악산 해안 절벽에 16개의 진지 동굴이 있다고 해. 그 중에 두 개만 자연 해식 동굴로 일본 자살 특공 부대가 은둔하며 해안으로 공격해오는 미군에 대한 방어기지 역할을 했대.

송악해안 선박

　제주 올레 10코스인 송악해안 산책로에서 바라본 푸른 바다 풍경에 눈이 즐겁고 바람과 파도소리에 귀가 즐거워졌어. 제주도 섬 전체가 공원 같아. 불모지가 없는 우리나라는 발길 닿는 곳마다 말 그대로 금수강산이구나.

　제주남쪽 끝 둘레 길 한 쪽은 툭 트인 바다, 반대쪽 송악산 풀밭에 적마 백마 얼룩말이 풀을 뜯고 갈대와 유채꽃이 어우러져 천상의 풍경이 따로 없구나.

　크고 작은 봉우리들을 안고 있는 송악산은 동알오름과 서알오름 사이에 '셋 알 오름'이 있어. 풀 숲 산길로 올라가면 셋 알 오름에 해군 비행장과 일제고사포 진지가 있다는데 배고프고 다리아파 포기했어.

전쟁의 흔적이 남아있는 역사적인 곳이며 중국 본토공격 목적으로 일본군이 구축한 알뜨르 비행장은 전투사령실과 통신실 어리 연료 탄약을 보관하던 기밀장소였대.

전 국토가 역사 현장 아닌 곳이 없고 사연과 아픔이 켜켜이 쌓여 있겠지.

산이수동 항으로 내려가며 송악산에서 바라 본 난산은 또 다른 모습이었어. 풍경은 방향 시간 날씨 등 많은 이유로 변하니까. 송악주차장에서 숙소 부대찌개 식당으로 갔어. 부대찌개 2인분 주문해 먹는데 카운터에서 여주인이 책을 보고 있었어.

"책 좋아하세요?"

"네, 전에 한 번 읽은 『데미안』인데 다시 읽어도 새롭네요."

"아, 헤르만 헤세의 고전, 저도 두 번 읽었는데 '알에서 깨고 나오려면 한 세계를 깨트려야 하며, 새는 알에서 나오려고 투쟁 한다.' 유명하죠."

책을 좋아한다고 하여 여행서 한 권 선물했어. 여주인은 반가워하며 어머니도 여행을 좋아하는데 한 권 더 사서 선물하고 싶다고 했어. 세영이 차에서 한 권 더 가져다주었지. 얼큰하고 시원한 부대찌개 먹으며 여주인과 여행담을 나누는데 투숙객이 없어서 전세 낸 것처럼 여유로웠어.

자연의 조각품, 용머리 해안

하멜 상선

용머리 해안

나리야! 객실에 올라와 양치 후 30분 쯤 누워 쉬다가 산방산 아래 용머리 해안으로 갔어. 용머리 해안 입구 대형 선박 모형 '하멜 상선 전시관'을 잠시 둘러보았지. 하멜은 17세기 상선 '바다비아'호에 동인도 회사 선원들과 일본 인근해역 항해 중에 풍랑을 만나 제주 해안에 표류하여 13년 동안 조선에 살게 된 네덜란드인이야.

조선 탈출한 뒤 표류거주기 기록 출간하여 베스트셀러가 되며 우리나라가 유럽에 최초로 알려졌대. 반인 반어 조형물 아래 상선 내부에는 '하멜의 머나먼 여정' 안내문과 동상이 서 있구나. 하멜상선 옆에 바다를 등지고 앉아 있는 하멜 조각상은 외롭고 지친 표정이었지.

용머리 바다, 한라산

해안탐방 입장권 두 장 구매했어. 강풍 우천 풍랑이나 만조 시
에는 입장이 금지되는 용머리 해안 바위 위를 걷는데 용암의 흔적
과 기묘한 화산암들이 신기했어. 해안절벽 굴곡지고 파인 자국들,
바닥에 따닥따닥 엉겨 붙은 따개비와 해산물 판매하는 해녀들이
있는 해안은 생각보다 길었어.

빙 돌아 산방산 아래까지 해안 둘레가 1km는 되는 것 같아. 되
돌아 나갈 일이 걱정이었는데 해안 끝 부분 협곡 바위사이에 가파
르고 좁은 통로가 보였어. 돌계단 따라 오르자 뿅! 마술처럼 주차
장 입구였어.

산방산 아래 바다로 돌출된 지형이 용의 머리를 닮아 용머리 해
안이래. 헤아릴 수 없는 세월의 흔적과 자연의 위대함이 느껴졌
어. 아직 일몰 전이라 주차장에서 올려다 보이는 원불교 사찰 '산
방굴사'로 올라갔어.

용머리 해안 바다를 내려다보는 대형 황금 불상 표정이 인상적이었어. 유럽의 성당들이 유사한 것처럼 우리나라 사찰 외형은 비슷하지. 사찰들은 조선시대 유교 숭배하고 불교 억누르는 숭유억불 정책으로 깊은 산으로 숨어들었다고 하는데 현재는 구석구석 명산 명당에 자리 잡아 관광지가 되었구나.

용머리 해안 낚시

산방연대

산방굴사 옆에 사찰보다 관심이 가는 석조 구조물이 보였어. 사찰외부와 불상만 보고 돌 담 쪽으로 가보았어. 돌로 틈새 하나 없이 정사각형으로 정교하게 축조한 구조물은 '산방연대'였어. 앙코르와트나 남미 이집트 고대 석조 구조물과 규모는 작아도 닮은 모습이었어.

1400년대 왜구 침입 대비해 쌓았으며 6km 동 서쪽 연대와 교신했다고 해. '연디 동산'에 축조된 '산방연대' 돌계단 위로 올라갔어. 용이 바다로 머리를 내밀고 있는 용머리 해안 지형이 선명하게 드러났어. 사전지식 없이 마주친 '산방연대'는 의미 있는 하루 마무리가 되어주었어.

제주의 아픔, 4월 3일

나리야! 저녁 아홉 시가 채 안 돼 잠들어서 새벽에 일어났어. 어제 일과 메모하는데 세영이 밥하고 햄 김치찌개도 끓였어. 전기렌지 냄비 밥은 밑에는 타고 위는 설어 물을 더 넣고 뜸을 들여 아침 식사 중 TV에서 4.3 평화공원 추모행사 뉴스가 나오더구나.

4.3일에 제주도에 있을지 예상 못했지만 한 번 가보려 했던 장소였어. 오늘 제주 탐방 시작은 제주 봉개동 평화공원 방문으로 결정했어. 그 시대 끔찍한 사건을 가끔 뉴스로만 전해 듣다가 4.3 평화공원 추모 행사 날에 방문하게 될 줄은 몰랐어.

08시 45분 숙소를 나섰는데 제주 서부 애월 방향 추모공원 행사장에 다가갈수록 자동차 행렬이 길게 이어졌어. 간신히 주차하고 길을 건너자 4.3이라는 숫자 위에 새겨진 평화공원 표지판 뒤로 원형 기념관 건물이 보였어. 맑고 푸른 하늘에 따뜻한 봄 햇살이 비취는 정원의 조형물, 위령탑, 희생자들 각명비가 새겨진 대리석 제단 앞에 순백 국화꽃들이 가득 놓여있더구나.

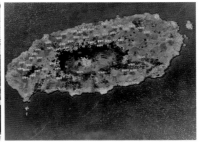

4.3 기념관   4.3 항쟁 지도

조기弔旗가 펄럭이는 언덕 위에 하얀 천막들이 늘어서 있는 곳으로 올라갔지. 행사장은 추념식에 참석한 인파들로 가득했어. 배우 유아인이 사회 보고 이낙연 총리님이 추모사 낭독 후 묵념하는 순간에 함께 하게 되었지.

하얀 천막 앞에서 향기로운 꽃차 권하는 손길에 감사하며 한 잔 마시는데 빨강 주황 노란색의 앙증맞은 동백꽃 배지까지 옷깃에 달아주었어. 예쁜 배지는 애용하는 모자에 붙여 두었어.

행사장에서 내려와 기념관으로 갔어. 4.3 사건 그림과 사진, 조형물, 역사의 동굴, 흔들리는 섬, 바람 타는 섬, 불타는 섬, 평화의 섬, 새로운 시작 등 1관부터 6관가지 돌아보고 마지막 다랑쉬 굴을 보고 나왔어. 역사 속 이념이라는 괴물은 왜곡된 프레임을 씌워 선량한 백성들을 엄청나게 살육했구나.

나리야! 우리는 그래도 동족상잔 전후 시대 태어나 배고픔 모르고 공권력과 무자비한 폭력에 비껴서 살아왔음을 다시 한 번 절감하며 감사해야 할까?

화산 분화구, 산굼부리

4.3 평화공원을 뒤로하고 조천읍 비자림로 '산굼부리'에 갔어. 눈길을 끄는 것은 넓은 주차장에 화산석 돌탑과 돌담 고목이었어. 파란 하늘을 배경으로 잎이 돋지 않은 고목의 섬세하게 드러난 잔가지들은 초록 잎이 무성한 나무와는 또 다른 매력으로 돋보였어.

나리야! 산굼부리의 계단식 돌담 아래 출입구 매표소와 아치형 영봉문榮鳳門도 주변과 잘 어울렸지. 각진 시멘트 구조물이나 뜬 금없는 유럽풍 건물이 아니어서 좋았어. 제주 천지가 돌이어서 관광지 조성공사하면 어마어마하게 돌이 나올 것 같아. 돌을 활용하여 담과 탑, 아치형 입구에 매표소까지 지어 일석이조 조화롭고 아름답구나.

입구로 들어서자 두꺼비 식수대, 기념품 매점, 카페 지나 '꽃굼부리'에 도착했어.

꽃굼부리는 넓은 화산석 담장 안에 잔디와 나무, 낮은 사각 돌담 무덤이 자리 잡고 있더구나. 처음에는 뭔지 몰랐는데 제주에서 흔

히 보이는 무덤이었어. 둥근 화산석탑 위에 사슴 조각상은 꽃굼부
리 상징 같구나.

산굼부리

사슴

정상의 돌 지붕 오각정자 매점에는 추억의 제기차기 놀이 시간
표와 딱지도 팔고 있었어. 정자 앞 쉼터 벤치에서 갈대군락과 언
덕아래 풍경을 보며 쉬고 있는데 딸에게서 전화가 왔어. 받자마자
울먹이며 말하는 거야.

"엄마 큰 일 났어."

가슴이 철렁하며 놀랐지.

"왜? 지니야 무슨 일 있어?"

"엄마가 흑 흑! 꿈에 죽었는데 너무 생생해."

순간 안도하며 어이가 없기도 했지.

"아유 참, 놀랐잖아. 꿈은 현실과 다르지. 꿈에 죽는 것은 좋은
거야. 울지 마."

"그래도 정말 같았단 말이야."

"엄마 건강하고 멀쩡히 여행 잘 하고 있어. 꿈에 죽음은 좋은 의미로 해몽하는 것 몰라? 우리 지니, 어른인줄 알았는데 아직 어리구나."

"알았어. 엄마, 조심하고 여행 잘 하고 와."

세영도 처음에 전화 받는 것을 보고 놀랐나봐.

"지니가 왜? 무슨 일이야."

"들었잖아요. 꿈에 내가 죽었다고 울면서 전화 했어요,"

"별 일 아니라서 다행이지 뭐."

한 숨 돌리고 산굼부리 분화구를 보았어. 굼은 제주방언 '구멍'이라고 하더구나. 정상 밑에 움푹 파인 기생화산 분화구는 움푹 파인 둥근 구덩이인데 내려가 볼 수도 있을 것 같아. 빗물은 현무암 사이로 스며들어 바다로 흘러가는데 이런 형태 분화구를 '마르 maar'라고 해.

로얄 목장, 신성한 사려니 숲

초원의 말

나리야! 산굼부리에서 사려니 숲으로 향하는 길목에 넓고 푸른 초원 목장이 보였어. 말들이 평화롭게 풀을 뜯는 목가적 풍경에 그냥 지나치기 아쉬워 잠시 하차, 사진 몇 컷 남기고 출발하여 사려니 숲 비자림과 삼나무 편백나무 산책로 옆에 정차했어. 노란 나무 팻말에 '치유와 명상의 사려니 숲'이라는 문구와 20m 는 될 것 같은 쭉쭉 뻗은 삼나무 군락 숲길 따라 안쪽으로 들어갔어.

사려니 숲

　서어나무, 때죽나무, 단풍나무, 산딸 나무 등 자생하는 나무들이 우거진 산책로 따라 30분 정도 걸었지. 사려니 숲은 완만하며 총 길이는 15km 정도라고 하니 체력과 시간에 맞게 적당히 걸으면 될 것 같아.

　인근에 천미천, 서중천 계곡과 사려니 오름, 마은이 오름 등 여러 오름도 있다고 해. 여유가 있다면 오름에 올라보고 계곡에 가 보며 한 달쯤 머물고 싶은 곳이야.

　옛날 지도에 '사련악'이라 표기되어 있고 사려니는 '신성한 곳'이라고 해. 다음 행선지는 '쇠소깍'인데 제주에 가면 꼭 가보고 싶었던 곳이야. 협곡 사이 짙푸른 물색깔이 특별해 보였거든.

신비한 협곡, 쇠소깍

　나리야! 내비게이션에 서귀포 하효동 쇠소깍 입력하고 사려니 숲에서 서귀포 바다 방향으로 갔어. 입구 주차장에 내려 협곡의 푸른 물을 보며 하구로 내려갔지. 4월 초에 평일이어서 한산했어. 쇠소깍은 협곡에 테우 카약 등 보트와 맑고 푸른 물빛이 기대이상이었어.

　직접 체험하고 즐기는 사람도 많지만 풍경을 바라보기만 해도 좋아. 테우는 제주 방언으로 소금물에 담근 통나무 10개정도 연결한 뗏목이었어. 계곡 물은 한라산 남벽과 서벽에서 발원, 해안으로 흘러들어 V자형 협곡 사이를 지나 효돈마을 앞 바다로 흘러들고 있어. 쇠소깍 하구는 꽤 넓어 작은 호수 같았고 계곡과 바다사이에 야트막한 검은 모래 해변이 경계를 이루어 바다와 분리되어 보였어. 바다와 계곡물이 동색이며 검은 빛 모래 때문에 더 짙은 쪽빛으로 보였어. 효돈 해변의 검은 빛깔 몽돌과 모래는 색다른 비경이었어.

　효돈 마을은 온화한 기후로 원조 감귤 생산지이며 감귤 테마거리, 가공식품 판매점과 매년 7월에는 '쇠소깍 축제'로 카약 테우 수상레저 전통문화 체험 등 행사가 열린다고 해.

쇠소깍계곡   효돈포구

  나리야! 효돈 마을 우측 방파제 '내 사랑 등대' 방향으로 가는데 파란 바탕에 하얀 글씨로 '죽기 전에 봐야 할 쇠소깍 5미美' 현수막이 있구나. 해녀 불턱은 바닷가에 둥글게 돌담을 쌓아둔 곳으로 물질하기 전 해녀 복을 갈아입거나 쉬는 곳이라고 하며 입구 구멍에 손을 넣고 소원을 빌면 이루어진다는 설화도 있다고 해.

  해변 풍광을 보며 하효항 포구로 향했어. 바다를 등지고 앉아있는 다섯 명의 예쁜 해녀조각상 지나 등대 가는 통로 벽에 바다하늘 갈매기 벽화와 바닥에는 낭떠러지 용암 구덩이 위를 외줄을 밟고 아슬아슬 건너는 '트릭아트 포토 존'이 보였어. 포즈를 취하며 사진을 찍는 여행객이 있어 잠시 기다렸다가 올라갔어.

  하효항 포구 하얀 등대와 바다풍경이 그림 같은데 돌아서면 마을 뒤로 한라산이 손에 잡힐 듯 가까워 보였어. 날씨만 좋으면 제주 어디서나 한라산은 보일 것 같아.

서귀포 올레시장

　나리야! 쇠소깍에서 서귀포 올레시장으로 이동 2층 주차장에 간신히 차 세우고 내려갔어. 상가들은 일반 시장 모습과 비슷하지만 통로 가운데 미니정원과 나무 의자가 놓여 있더구나. 구매한 간식을 먹거나 다리 아플 때 쉬어갈 수 있는 보기 드문 재래시장 모습이었어. 아치형 비가림 지붕이 시원하게 높고 그림 장식과 올레시장 로고도 신선했어.

　감귤, 녹차 젤리, 천혜 향, 사과, 양파, 두부, 오메기 떡을 구입하고 소문난 '마농 치킨' 집으로 갔어. 후라이드 마늘 치킨을 주문했지. 대형 접시에 수북한 치킨과 감자튀김을 보고 놀랐어. 1만 6천 원 가격에 양은 두 배로 많아서 '다 먹을 수 있을까?' 했지만 바삭바삭 따끈따끈 갓 튀겨낸 고소한 치킨 접시가 깨끗해졌어. 숙소에서 아침 06시에 나와 오후 4시가 지나가고 있었지.

올레시장 , 마농 치킨

외돌개 해안

유채, 솔숲

외돌개

　속도 든든하게 채웠고 숙소로 들어가기에는 이른 시간이어서 근처 외돌개 보고 가기로 했어. 외돌개 입구에 도착 주차 후 '황우지 선녀탕' 팻말이 세워진 정원으로 내려갔어. 절벽아래 해안 황우지 선녀탕은 검은 현무암 지형에 둘러싸인 인공 연못 같은 천연

풀장으로 여름이면 피서객들의 명소라고 해. 내려가 보고 싶었지만 절벽의 가파른 여든 다섯 개 계단에 망설이다 포기하고 산책로 따라 외돌개 방향으로 걸었어.

바다의 선돌과 이국적인 야자수 유채꽃 풍경에 취해 카메라 셔터를 누르며 이끌려갔지. 장군바위라고도 하는 외돌개는 표면 질감과 모습이 독특하고 꼭대기에 자라는 풀은 털모자나 머리카락 같았어.

"돌고래가 상체를 세우고 먼 바다 보며 누군가 기다리는 모습 같아."

"아니 '라바' 같은데 뭐." 세영이 말했어.

"오, 라바! 조금 비슷하네."

외돌개 너머 문 섬, 섭 섬, 서귀포 해양공원, 새 섬 공원과 연결된 새연교도 보였어. 새연교는 쇠소깍의 전통 뗏목 테우를 형상화해 세워진 보행 산책로인데 '새로운 인연을 맺어주는 다리'라고 해. 야자나무와 해송사이로 비치는 노을은 솔밭 아래 가득 피어난 노란 유채꽃 위에 눈부시게 빛났어.

서귀포 야경이 환상적이라는데 노을보다 더 매혹적일까? 외돌개 해안 산책로 쇠머리 코지에 도착했어. 바다로 돌출된 암반 언덕 쇠머리코지는 일출과 일몰을 볼 수 있는 장소야. 서귀포 앞바다 무인도와 기암괴석들, 햇살과 나뭇가지 갈대 사이로 빛나는 노을은 더 이상 말이 필요 없는 절경이구나. 화려한 일몰의 여운을 안고 숙소로 향했어.

물이 좋은 약천사藥泉寺

나리야! 제주 3일째, 새로운 여행지 탐방을 위해 밥을 지어 에너지 충전 후 08시 숙소를 나섰어. 서귀포 대포항 인근 약천사에 가보려고 중문 관광 단지 쪽으로 향했어.

제주도의 산과 오름 바다 인공적인 테마 체험 장소 등 연령 성별 관심사에 따라 선호하는 방문지와 즐기는 방법은 다양하겠지. 내 비게이션 따라 가는데 사찰 풍 건물 자광원慈光阮이라는 중증 장애인 복지재단 지나 약천사 후문 쪽이었어. 밀감이 주렁주렁 열린 가지 사이로 범종각 실루엣이 비쳤어. 위에는 종각 1층은 신도 회관, 아나율 봉사단, 관광 안내 사무실이었어.

사찰 마당에 오층석탑과 연등, 볼록한 배를 내민 포대화상, 대적광전, 오백나한전, 다도 체험관 등 규모가 컸어. 국내 전통사찰과 다른 2.3.4.5층 다양한 형태 목조 전각들은 축조한지 오래되지 않은 신축 건물이었어. 대적광전 법당 벽의 화려한 불화와 붉은 기둥에 청룡, 금색 기둥에 황룡이 감겨 오르는 형상은 중국 느낌이

들었어.

전봇대 같은 야자수와 유자나무, 돌하르방이 세워진 사찰은 한국 중국 동남아 탐라국 문화가 혼합된 분위기야. 약천사 이미지 보며 해안가 절벽위에 세워진 사찰로 착각했어. 2층 종각에서 멀리 바다가 보였어.

약천사

약천사 감귤

석조비

종각

해안 절벽위에 사찰모습을 기대했는데 사진의 함정이었지. 법당 마당에서 가파른 계단을 내려가면 잔디광장에 정원수와 벚꽃, 유채꽃 파란하늘 햇살아래 주변풍경이 아름다웠어.

정원 산책로 따라가자 약천사 부지 제공, 제주시 재정지원으로 세워진 '태평양 전쟁 희생자 위령탑' 지나 계곡 다리 건너 광장으로 갔어. 편의점과 기념품 매장 캠핑카들이 있는 주차장의 관광버스에서 단체 여행객들이 쏟아져 나와 북적거렸어. 약천사藥泉寺 돌비석이 세워진 정문 입구에서 후문으로 되돌아갔어.

약천사 탐방 마치고 자광원 앞을 지나가는데 땅에 닿을 듯 주렁주렁 매달린 유자나무에 걸린 목판 글귀가 마음에 들어오는구나. '사람들아! 그 벌레 함부로 죽이지 마라. 그 벌레에게도 자식들이 있으니.' 다음 방문지는 카멜리아 힐이야.

꿈꾸는 동백 정원, 카멜리아 힐

　나리야! 대정방면으로 11km 이동, 안덕면 상창리 동백 정원 앞에 12시쯤 도착했어. 대형버스 구역 지나 매표소 가는 길목에 예쁜 목도리와 안경까지 걸치고 동백꽃을 손에 든 깜찍한 돌하르방 모습에 미소가 번지는구나. 검은 화산석 3단 돌탑은 담쟁이 넝쿨에 감싸여 분위기를 더하고 잔디광장 동백꽃 조형물이 눈길을 끌었어.

　입장료는 일반 18,000원부터 어린이, 노인, 청소년, 장애우, 제주도민 등으로 차이가 있었지. 일반 두 명 36,000원에 입장료가 살짝 높다는 생각도 들었지만 기대하며 들어갔어.

　관람 방향 따라 나무와 꽃들이 만발한 정원과 길목 군데군데 둥글고 네모난 크고 작은 돌 수반에 갖가지 색깔 동백 꽃송이들이 가득했어. 툭 툭 떨어진 시들지 않은 꽃송이가 애처로워 물위에 띄워 놓았겠지만 동백정원의 어떤 장식보다 아름다웠어.

　튤립, 수국, 화사한 장미나 매화 닮은 동백꽃 군락, 짚 풀 정자,

돌담 초가집, 항아리 등 아기자기 꾸며놓은 조형물과 볼거리가 차고 넘쳤어. 아태지역 동백 숲, 새소리 바람 소리길, 소 온실, 대 온실, 플라워 카페, 보순 연지, 양중해 기념관, 수국 길, 수류 정, 잔디욕장 등 카멜리아 힐 6만여 평 부지에 오밀조밀 미로처럼 이어지는 끝없는 오솔길에 다리가 아팠어. 벤치에 앉아 챙겨온 곶감 천혜향 감귤젤리 먹으며 에너지 충전했고 규모와 다양성, 아름다움 지금껏 보았던 화원중에 최고였어.

나리야! 마지막 관람동선 따라 한 참 걸었을 때 마지막 출구가 보였어. 카멜리아 카페 돌담 입구에 핑크 귀마개와 목도리 걸친 귀여운 돌하르방 아래 글귀가 보였어.

'이제 다 왔어요. 채우고 비우셨나요? 못 다한 마음 잔디광장에서 풀고 가세요.'

진한 홍매화꽃 화사한 골목길 지나 잔디광장으로 나갔어.

화원의 연못 '보순 연지' 명칭 뜻이 궁금했는데 황무지에 30년간 동백정원을 가꾸어온 부부 이름에서 한 글자씩 따서 붙인 것이라고 해. '양중해 기념관'은 '떠나가는 배'를 작곡한 제주 시인으로 동백정원 대표가 건축 기증했다는구나.

장미동백　　　　　　　　　　　수반

돌탑　　　　　　　　　　　동백꽃 조형물

　　잔디광장 옆 도랑물가에 물 허벅 짊어진 제주아낙 조형물과 광
장 가운데 홀로 선 고목 한 그루도 인상적이었지. 예상 소요시간
40~80분인데 두 시간 걸렸어. 카멜리아 힐은 동양최대 동백수목
원이라고 해. 80여 개국 500여 품종이 시기를 달리해 피어나며 겨
울에 가장 아름답게 만발하는 동백꽃을 볼 수 있대. 겨울에 한 번
더 오고 싶은 정원이었어. 다음 행선지는 '화조원'이야.

새들의 감옥, 화조원

나리야! 동백정원에서 20여 km, 애월읍 화조원에 도착했는데 세영이 혼자 구경하고 있으라고 했어.

"왜 그러는데?"

"모레 완도로 출항하는 배편 예약해야 하는데 선박 한 척이 고장이어서 먼저 예약한 승객들 차례로 편의 제공하느라 승선권이 없대. 제주항에 가서 알아보고 올게."

"제주에서 더 놀다 가면 되지 뭐!"

"모레 토요일이면 6일 째인데 모레 못 가면 월요일까지 있어야 돼. 내일이면 웬만큼 본 것 같아. 나는 새들 안 봐도 괜찮아."

"알았어. 구경하고 있을게. 다녀와."

유럽풍 아담한 매표소에서 입장권 한 장 구매, 나는 화조원에 남고 세영은 제주항으로 갔어. 입구에 잉꼬 한 쌍이 대나무 위에서 서로 짹짹거리며 밀어내고 다투는 모습에 동영상을 찍고 돌아서니 나무 등걸 위에 우두커니 앉아 있는 '참 매' 한 마리가 노란 눈

동자에 까만 동공으로 처연하게 바라보았어. 발목에 줄이 묶여 있었어. '묶어 두지 않으면 맹금류가 가만히 있을 리가 없지!'

순간 측은하고 불편해졌어. 원숭이 올빼미는 초록 나무토막 위에서 졸고 있는 듯 미동도 없고, 잔디 광장에는 알파카 몇 마리가 옹기종기 서성거렸어.

관람방향 따라 공작새 구역으로 갔어. 순백색 공작과 연두초록 남색 깃털 공작은 여유 있게 걷다가 꼬리를 살랑살랑 흔들며 패션쇼를 하는 듯 천천히 뱅그르르 돌아 활짝 펼치는 우아한 모습에 동영상을 찍었어. 공작과 뿔 닭, 백한, 은계, 금계 등 새들 구역도 나무위에 초록 그물망이 드리워져 있었어. 타조와 오리, 백조, 원앙이 노니는 연못 지나 유리 온실 문을 열고 들어갔어.

화려하고 앙증스런 '썬 코뉴어' 앵무새 무리와 문조가 옹기종기 나뭇가지에 앉아 있었어. 그 중에 몸집이 큰 하얀 왕관 앵무 한 마리는 홀로 앉아 발목에 채워진 쇠사슬 열쇠를 부리로 끊임 없이 쪼아대고 있는 거야.

'얼마나 거추장스럽고 답답하면 저럴까?'

참매   하얀 앵무구관조,

라마

공작새

 나리야! 숲속에서 자유롭게 날아야 할 맹금류와 조류가 인간들 욕심 때문에 사슬에 묶여 있는 모습에 침울해졌어. 카페 겸 기념 품 매장으로 들어갔어. 카페에도 새장 안에 구관조와 선반에 안경 올빼미가 장식품처럼 웅크리고 앉아있었지.

 진열대에 화조원 새와 동물들을 본 떠 제작한 봉제 모형들과 과 자 잼 제주 특산 상품들 구경하다 제주항에 간 세영이 올 때 까지 쉬려고 카페 모카 한 잔 주문했어.

 화조원과 카멜리아 힐 입장료는 동일하지만 관람 후 느낌의 차 이가 많았어. 화조원 관람은 한 시간이면 충분했어. 새들을 묶고 있는 사슬과 하얀 구관조가 열쇠고리를 부리로 쪼며 풀려고 하는 모습이 연상되며 화조원이 불편했다면 계절마다 친구 가족과 방 문 산책하며 쉬고 싶은 카멜리아 힐은 치유의 정원이었지.

 태국 치앙마이에서 무심하게 코끼리 투어에 참여한 뒤 기억이 떠올랐어. 옹색한 산길을 코끼리 등 위 의자에 앉아 뒤뚱거리며 가는 것이 불편해 후회했었지.

나리야! 예쁜 새를 보면 '한 쌍 키워 볼까?' 하지만 마음뿐이었어. 베란다 화분 식물이 죽어도 씁쓸하고 물고기가 죽어 둥둥 떠 있는 모습에 어항도 치웠는데 새들을 데려오면 집을 비우고 여행하기도 어려울 거야. 아이를 입양하고 반려 견을 가족처럼 책임지며 돌보는 사람들은 보통사람들이 아니라고 생각해.

달콤한 카페 모카 한 잔 마시며 쉬고 있는데 세영이 모레 녹동으로 입항하는 16시 20분 출항 승선권을 예매하고 주차장에 도착했다는 연락이 왔어. 오늘 마지막 목적지는 한림읍 금학동 '성이시돌 목장'이야.

초원 가운데 성이시돌 목장

　나리야! 화조원에서 10km 이동 목장 가는 길 옆 초원 가운데 '나 홀로 나무' 한 그루가 서있고 사람들이 사진을 찍고 있었어. 성이시돌 목장은 새별 오름 근처였고 나무가 있는 초원은 오름 주변 들판이었어. 숙소에서 '제주 들불축제'라고 새겨진 새별 오름 옆으로 지나다니며 떠나기 전 꼭 올라가봐야지 했던 곳이야. 카멜리아 잔디광장이나 초원 가운데 우뚝 선 거목 한 그루는 섬처럼 가까이 가고 싶고 특별하구나.

　성이시돌 목장 주차장에 도착했어. 목장 방문객이면 누구나 인증 샷을 찍는다는 낡고 허름한 '테쉬폰'이 보였지. 2천여 년 전 바그다드 테쉬폰ctesiphon이라는 지역 전통건축물이라고 해. 현재도 유사한 건물이 있다고 하더구나.

　1954년 아일랜드 선교사 제임스 맥글린치 신부가 이곳에 와서 테쉬폰을 지어 거주하며 목장 운영, 어려운 지역 주민들을 도와주었대.

　목장 입구에 카페운영하며 매점에서는 치즈 우유 유제품 아이스크림 등 '우유부단'이라는 고유 브랜드로 판매하고 있어. 말들이 한가롭게 풀을 뜯는 목장 주변에도 올망졸망 오름들이 많았어.

금악오름 쪽에 성 이시돌 센터, 삼위일체 대성전, 세미은총동산이 자리잡고 글라라 수녀원 성당 너머 배경은 또 한라산이었어.

주변 탐방 산책하고 찬찬히 보며 하루를 보내고 싶은 장소인데 목장주변만 돌아보고 아이스크림 두 개와 우유 두 개, 우유부단 덩어리 치즈 구입하여 떠나려니 아쉬웠어.

성이시돌 목장

테쉬폰

여행지에 처음 도착하면 며칠 지나야 익숙해지고 방문지 주변 특별한 곳이 있어도 모르고 지나쳐 나중에 후회할 때도 많아. 주변 지리 방향에 익숙해지려면 한 달은 지내봐야 할 것 같아. 그래서 제주에서 한 달 살기, 또는 해외 어느 도시에서도 한 달 살기 실천하는 사람이 많아지며 한 때 유행했었지.

낯선 곳에 한 달 또는 여섯 달쯤 머물러야 제대로 보일 거야. 환경 여건이 여의치 않을 뿐 누구나 원하는 삶이겠지. 오늘은 하늘에 구름이 많아 일몰 판타지는 없을 것 같아. 내일은 성산포 쪽을 돌아보고 모레는 제주 떠나는 날이구나.

해 뜨는 오름, 성산 일출봉

나리야! 아침 식사 준비 중 강원도 산불 뉴스를 보았어. 변압기 폭발이 원인으로 추정하며 강풍에 고성 원암리 속초 장천마을이 심한 화재 피해를 입고 설악 한화 콘도까지 번져 3,600명 이재민이 발생 '국가 재난' 사태 선포 되어 놀랐어.

해일처럼 덮친 산불 재해는 전쟁터보다 처참하고 평일인데 속초 시장은 부부동반 제주여행중이라는 뉴스가 나오는구나.

재난 상황에도 대부분의 개인들은 하던 일상을 유지해야겠지. 외출 준비하고 09시 숙소를 나와 성산일출 해양도립공원으로 향했고 주차장은 이미 가득했어. 성산일출봉은 제주 여행자들 필수 코스지. 주차 하고 입장권 구매하는 동안 주변을 돌아보았어. 세계 자연유산 성산일출봉 사진 한 컷 찍고 '동암사' 사찰이 보여 올라갔어. 아담한 법당을 보고 있는데 전화가 왔어.

"어디 있는 거야? 얼른 매표소 앞으로 와."

서둘러 내려와 줄지어 오르는 여행객들 뒤 따라가는 길 '해 뜨는 오름' 탐방로 절벽아래 우뭇개 해안 비경에 몇 번씩 뒤돌아서 카메라를 들었어. 절벽아래 푸른 물살을 가르며 모터보트가 오가는 모습과 해안가 붉은 지붕 '해녀의 집' 풍경이 눈길을 사로잡았어. 성산 봉우리까지 올라가는 것도 까마득한데 우뭇개 해안 가파른 계단은 언제 내려가 볼 수 있을까?

높은 곳은 오르고 낮은 곳은 내려가고 섬에는 건너가야하고 동굴 속에 들어가고 하늘 바다 속까지 인간의 호기심은 끝이 없구나.

우뭇개 해안 해녀의 집에서는 물질공연도 하고 해변에서는 해녀들이 소라 멍게를 팔고 있어. 우묵하게 들어간 바다라는 우뭇개 해안 옆에 광치기 해변은 제주 올레 1코스라고 해. 썰물 때 해안 화산 석에 녹색이끼와 지형이 독특한 광치기 해변과 성산일출봉 주변도 쉬엄쉬엄 봐야 할 장소라는 생각이 들었어.

인생사 진리는 미완성에 만족은 없으며 단계마다 미진하고 바라볼수록 확장되어 끝이 없어. 다 보고 다 알고 싶다는 것 자체가 불가능하니까. 최선을 다한 뒤에 자족할 줄 알아야 하는 것이 정답일 거야.

광치기 해변은 지명 자체가 심상치 않은 느낌이 들어. 제주민의 애환이 담긴 '광치기' 해안의 특이한 지명은 옛날 고기잡이 나간 어부들 시신과 뗏목 조각이 해변에 밀려왔다고 해. 주민들은 관을 가지고 와서 시신을 수습했으며 '관치우기'라는 말이 변형되었대. 슬픈 역사가 배어있는 지명이었지.

성산 해안   우뭇개 해안   돌거북

성산 일출봉 주변은 번화해지고 예전에 가파른 좁은 외길로 오르내리던 탐방로가 분리되었어. 상행 탐방로는 좌측 우뭇개 해안과 진한 청자 빛 바다 너머 소가 누워 있는 형상의 우도가 보였어. 일출봉 오르막 길가 숲에는 성산에 자생하는 우묵사스레피, 까마귀쪽 나무 등 희귀식물과 나뭇가지에 앉아 사람 구경하는 까치, 사자 바위 지나 정상에 도착했어.

깎아지른 절벽 둥그스름한 분화구 위에 야트막한 바위 봉우리들이 레이스를 두른 듯 멋진 풍경이었어. 성산일출봉은 원래 섬이었는데 모래 자갈층이 차츰 쌓여 제주도와 연결되었다고 해.

예전에 오르내리던 성산일출봉 외길은 하산 전용으로 제주 시가지와 한라산이 펼쳐졌어. 굽이굽이 오르던 자연 오솔길은 데크 계단과 안전한 난간으로 깔끔하게 조성되어 우뭇개 반대편 해안과 시가지 전경을 보며 내려올 수 있었지.

일출봉 아래 잔디밭 쉼터에서 간식 먹으며 휴식시간 보낸 뒤 주차장으로 갔어.

고성리 해안 사구 섭지코지

　나리야! 성산일출봉에서 8km 거리, 신양포구 옆 제주 동쪽 해안 바다로 돌출된 땅 끝 바람의 언덕 '섭지코지'로 향했어. 10여분 만에 주차장에 내려 바라본 해안의 검고 붉은 기암괴석 위에 희끗희끗한 새들의 배설물이 물감을 뿌려놓은 듯 했어.

　섭지코지 해안 절벽이 높아 인간의 접근이 어려워 붉은 화산암 울퉁불퉁한 선돌들은 새들의 안락한 쉼터가 되고 있었지. 우뚝 솟아 시선을 끄는 촛대 바위는 선녀와 용왕의 이루지 못한 사랑의 전설을 품고 있으며 언덕 위 하얀 등대, 유채꽃 군락지, 보라 노랑 들꽃 무리들은 저마다 고유한 색채로 빛났어.

　외돌개 모형 돌탑과 협자연대, 동화 속 과자 집, 파란 하늘이 그려놓은 풍경화 속 산책로에서 여행객들이 슬로우 모션으로 움직이는 그림 같아.

　섭지코지 붉은 오름 정상 방두포 소원등대는 어민들이 출어 나갈 때 풍어와 무사귀환과 가정의 안녕을 기원하던 곳이었다고 해.

평범하고 흔한 것이라도 스토리와 의미를 부여하면 특별해지는 것 같아.

　1980년에 점등한 방두포 소원등대는 4초마다 깜박이며 제주 동쪽바다의 길잡이 역할을 하고 있어. 산방연대와 비슷한 협자연대는 조선시대 봉화를 올려 교신하던 곳이야. 정상의 봉수대는 낮에 연기, 밤에 횃불을 이용하던 통신수단이었대.

돌탑

섭지코지 산책로

유채꽃밭

붉은오름에서 내려와 협자연대 뒤쪽에 '삼석총'이라는 고인돌 형태 돌무덤이 있는데 목판에 '삶의 상처를 치유해주는 영혼의 정령 탑' 문구에 발길이 멈췄어.

삼석총은 길을 잃어버린 돌들을 모아 영혼을 위로하기 위해 쌓은 석총이라고 해.

오랜 세월 곳곳에 흩어져 박혀있던 돌들이 파헤쳐져 상처입고 뒹굴다가 크고 작은 돌탑으로 쌓여져 인간에 의해 '영혼의 정령 탑'이라는 명칭과 의미를 부여받아 시선을 끄는구나.

섭지코지 해안 언덕 들판에 유채꽃밭을 배경으로 제주 조랑말이 한가롭게 풀을 뜯고 있구나. 주변은 콘도와 미술관, 음식점, 마트가 들어선 상업 지대이며 산책로는 광치기 해안과 연결되어 있어.

성읍 민속마을, 성아시 대장금 마을

나리야! 섭지코지에서 숙소로 돌아가는 길에 서귀포 '성읍 민속마을'에 정차했어. 4월초 주중이라 관광 성수기가 아니어서인지 한산했어. 성읍 민속마을은 대장금 촬영지라고 하며 돌하르방 화산석 돌담 등 제주민속촌이었어. 성아시 민가民家 마을 골목길 주변에 항아리 동백나무 연자방아 전통 생활도구 속에 현대의 에어컨 가로등이 이질감을 주는구나.

민속마을에서 서귀포 방향 가시오름 녹산로에 들어섰어. 아름다운 길 100선에 선정된 12km의 녹산로는 4월초 하얀 벚꽃과 노란 유채꽃이 어우러져 화사했어. 만개한 꽃길은 지나가던 자동차들을 멈추게 하고 카메라를 들게 하지.

아름답고 좋은 것을 보는 눈과 듣는 귀는 비슷해서 차량과 사람들이 많아졌어.

사통팔달 도로와 언론 SNS 활성화로 소문이 나면 거리에 상관없이 전국을 넘어 세계를 누비는 시대가 되었구나. 녹산로에서 제주 중산간 1100 고지 도로를 타고가다 '성판악' 탐방로 휴게소에서 정차했어.

휴게소는 하산하는 등산객들로 붐볐어. 성판악 등산로 중에 사라 오름까지는 완만한 숲길로 두 시간 소요되며 걷기 좋다는데 해는 지고 내일은 제주 떠나는 날이구나. 들머리 입구, 성널 약수터, 한라산 국립공원 석조 비 등 휴게소 주변을 둘러보았어. 유네스코 NEW 7 WONDERS 세계 7대 자연경관 선정과 생물권 보전지역 지정, 한라산 자연유산 인증, 지질공원 인증 등 네 개의 동판기념비가 인상적이었어.

녹산로

아시 초가

동판비

숙소에 도착해 부대찌개 먹을까 하다 누룽지 끓여 먹었어. 세영이 돼지고기 햄 등 기름진 음식 섭취하면 손가락 관절부분이 아픈 통풍증상이 나타나 피하기로 했어. M K 리조트 펜션에서 6일 동안 지내며 충분하지 않지만 제주 구경 잘하고 내일 오후 4시 출항하는 여객선 이용 녹동으로 떠나는 날이야.

솥 굽는 마을 덕수, 들불 축제 새별 오름

나리야! 누룽지 끓여 아침 식사 후 늘어놓은 소지품 모아 짐을 꾸렸어. 09시 체크아웃 자동차에 정리하고 카운터로 갔어.

"전망 좋고 깨끗한 방에서 잘 있다 가요. 한 달 정도 살며 오름과 둘레 길을 여유 있게 돌아보고 싶어요."

"네, 고마워요. 남은 일정 여행 잘 하시고 언제든지 또 놀러오세요."

MK 리조트 출발하여 인근에 '솥 굽는 마을 덕수' 역시 새별 오름처럼 돌담 위 간판만 보며 지나쳤는데 마지막 가는 길에 잠시 보고 가기로 했어.

서귀포 안덕 불미공예 마을 덕수리는 제주 무형 문화재로 전통적인 풀무 사용 주철을 녹여 솥과 농기구 주조하는 장인이 거주하는 마을이었어. 골목 담벼락 벽화에 무쇠 솥 주조 과정이 그려져 있고 포제단醋祭壇, 종대거리, 유채꽃, 돌담을 덮은 머루포도가 정겨운 동네였어.

솥 굽는 마을 덕수

들불축제 새별 오름

새별 오름

제주항 선박 출항시간이 오후 4시 20분으로 여유가 있어 쉬엄쉬엄 구경하며 가려고 해. 솥 굽는 마을에서 평화로 봉성리 바라만 보며 지나다니던 새별 오름에 도착 했어. 입구에서부터 들불축제의 고장 광고 문구와 전광판에 축제 진행 장면이 나타났어. Since 1997 들불축제석비 옆 주차장으로 진입했어. 도로에서 바라볼 때 초가지붕 모양 동산에 불로 태워 새겨 놓은 '제주 들불축제' 문구만 보였는데 높아 보이는 새별 오름 아래는 들판이었어.

광장 옆 소형트럭 노점에 '가장 제주다운 기념품'이라는 광고 문구와 산호 진주 조가비 팔찌 반지 목걸이 브로치 진열하는 것을 구경하다 물어보았어.

"일찍 나오셨네요. 오름 길이 양쪽으로 있는데 어느 쪽으로 가야돼요?"

"저 쪽으로 많이 올라가쥬."

완만한 오른쪽으로 올라가 가파른 왼쪽으로 내려오는 것 같아. 야자 매트와 난간 손잡이 줄이 설치되어 걷기 편하게 조성된 산책로 따라 올라갔지. 나지막한 동산처럼 보이던 오름인데 꽤 가파르고 정상에 서면 360°시야가 확보 되었어.

오름 정상에서 바라본 주변은 농지와 숲, 저수지, 공동묘지 군락, 삼각형의 쌍봉 오름, 이달 오름, 정물 오름, 밝은 오름, 누운 오름 등 야트막한 오름들이 흩어져 있어. 사방이 툭 트여 새별 오름은 들불 축제하기에 적당한 장소였지. 이제 용두암에 들러 제주항으로 가야 해. 새별 오름에서 내려와 공항 방면 용두암 가는 길목 이호테우 해변 쪽으로 좌회전 현사마을로 들어갔어.

용두암 가는 길

나리야! 현사마을 솔 숲 사이로 해변과 바다가 보였어. 인적 없는 해변 푸른 바다위에 하얀 물길을 내며 제트보트가 내달리고 있었지. 해안가 테우는 '쇠소깍'에서 보았던 통나무배랑 비슷했어. 이호테우 해변은 여름에 윈드서핑, 해녀 횃불 퍼레이드, 멜 그물 칠(그물 멸치잡이)과 테우 체험행사 등 해변 축제가 열린다고 해. 갈색모래와 야자수가 이국적이었고 방파제 끝에 빨강 하얀색이 선명한 말 등대는 이호테우 해변 상징이며 일몰명소이기도 했어.

이호테우

어영마을

'현사마을'에서 용담 해안로 타고 300m 쯤 지나 '어영마을' 화산암 해안 소공원이 조성되어 있는데 바쁘지 않다면 쉬어갈만한 곳이었어. 해안가에 화산석과 산책로, 어린이놀이시설, 바다로 돌출된 전망대, 해안 방호 난간 위에 설치된 물고기 조형물, 바다 너머 세상을 동경하는 듯 서있는 소년의 조각상, 로렐라이 소녀상 등 무심코 멈추어 선 곳에 다채로운 볼거리가 많았어.

어영마을에서 2km 이동 용두암 주차장에 정차했어. 소원이 이루어지는 용두암龍頭巖 석비 옆 전망대에서 절벽 아래 바다를 내려다보았어. 용두암이 왜소해진 것 같아. 예전에 올라가고 손으로 만지던 용두암은 먼발치에서 바라만 보았어.

용이 승천하기 위해 한라산 신령님 옥구슬을 훔쳐 달아나다 화살에 맞아 바다에 떨어져 몸은 물에 잠기고 머리만 하늘 향해 굳어버렸다는 용두암 전설과 7년 가뭄에 짚으로 용을 만들어 물에 담그고 기우제를 올리자 비를 몰고 왔다는 용연의 설화가 전해지고 있어.

공항이 가까워서 인어 상 뒤 바다 상공에 수시로 비행기가 지나가고 절벽 아래 해녀들이 해산물을 파는 곳으로 여행객들이 내려가고 있구나.

용두암 인어상

용두암

순정문어

용담 포구 등대,

　　좌측 끝에 빨간 등대 옆 용담 포구 방파제 쪽으로 이동했어. 사람들이 낚시하는 모습을 잠시 구경하다 출출해 방파제 입구에 '순정 다방, 순정 문어' 음식점에 들어갔어. 오징어 덮밥 두 개와 문어라면 주문했지. 매콤한 오징어 덮밥에 문어 새우 해산물이 듬뿍 들어간 라면은 별미였어. 아침에 누룽지 먹고 돌아다니다 점심 겸 저녁으로 먹었어. 제주항으로 가야할 시간이야. 고흥 녹동에는 밤에 도착할 것 같아

제주 연안 여객 터미널

나리야! 15시 30분 제주항에 도착 예매 승선권 확인 뒤 자동차 선적했어. 터미널에서 대기하다 16:10분 개찰구 통과 '아리온 제주'호에 승선했어. 여행지의 하루는 일상의 일주일보다 자극적이고 다채로워서 한 달은 지난 것 같아. 16시20분 정시 출항, 제주 땅이 멀어져가는구나.

고흥 녹동 항에 20:20분 도착예정으로 가다보면 밤이 될 거야. 뱃마루 난간에서 언제 또 방문할지 알 수 없는 제주항을 바라보며 안녕을 고했어. 출렁이는 바다 아리온 호는 녹동으로 향하고 바람이 강해 선실로 들어왔어.

모여 앉아 도시락을 먹는 단체 여행객과 누워 잠을 청하거나 동행과 수다중인 사람 등 객실에는 30여명이 함께 했어. 제주 녹동 항로 섬도 없는 망망대해 뿌연 연무 안개사이로 어둠이 내려앉았고 잠을 자거나 독서할 수밖에 없는 분위기였어.

세영은 잠들고 나는 오랜만에 집중하고 책을 읽었어.

제주항

나리야! 『마르케스 서재에서』를 읽고 있어. '책冊이 존재하므로 우리는 누군가 애써 기록한 사유의 성과를 얻는다. 유대계 독일인 발터 벤야민은 계급으로 분류되어 질서에 편입되는 것을 거부하며 소나 양을 방목하듯 책도 여기 저기 흩트려 놓았다. 벤야민은 정리되지 않는 방에서 50세 전 자살로 생을 마감했다.'

'순수한 영혼들은 분류와 질서의 시스템에 저항하지만 흔들거나 제거 할 수 없으므로 굴복할 수밖에 없다. 미켈란젤로는 스스로 교회가 명령한 벽화를 그려낸 것이 아니며 모차르트도 의지와 상관없이 궁정연회 무도곡을 준비해야 했고 마르케스 역시 오랫동안 원치 않는 일을 해야 했다.'

담담한 기록이지만 슬픈 이야기였어. 역사적으로 혼란한 시기 자살하거나 가난과 박해 질병으로 단명한 작가 예술인들이 너무도 많으니까.

녹동 입항 안내방송에 따라 주차장으로 내려가 20시 25분, 승차한 채 하선했어. 어둠에 쌓인 밤 항구주변 불빛 사이로 D M 모텔이 눈에 띄었어. '여기로 와서 쉬세요.' 손짓하듯 반짝거려서 손가락으로 가리키며 말했어.

"피곤한데 얼른 저기 들어가 쉬고 싶어."

207호에 입실했어. 따뜻한 온돌에 보료가 깔려있는 전통과 현대가 혼합된 신축건물이었어. 외부는 현대식에 내부는 한지 바른 덧문으로 한옥 안방처럼 아늑해서 부모님 집에 간 기분으로 편안하게 잠들었어.

제3부
남해, 쪽빛 하늘

녹동 항에서 거문도로

지도

나리야! 전화벨 소리에 놀라 잠이 깼어. '새벽에 누구야 무슨 일이지?'

세영 전화였어. 정신을 차리고 옆자리를 보았는데 없었어. 잠귀가 밝은 편이라 작은 소리에도 깨는데 어떻게 된 건지 알 수 없었지. 세영이 기운 없는 목소리로 말했어.

"나야, 몸이 안 좋아 먼저 집에 가야겠어. 천천히 와!"

황당해서 일어나 방안을 둘러보았는데 가방 소지품 깨끗하게 없어졌어.

"지금 뭐라고 하는 거야? 짜증나, 장난 좀 하지 마."

그때야 웃으며 말했어. 일찍 잠이 깨서 살금살금 챙겨 먼저 나갔대.

"잠이 안와서 항구 주변 둘러보고 배 시간 알아보았는데 거문도 가는 여객선이 녹동밖에 없고 매일 출항하는 것도 아니래. 일정 변경해 거문도 먼저 다녀와야겠어. 짐 챙겨서 모텔 옆 터미널로 나와."

"아, 진짜! 알았어. 도깨비장난도 아니고 정신없어."

가끔 엉뚱한 짓은 타의 추종을 불허하지. 양치만 하고 부랴부랴 소지품 캐리어에 담아 06시 30분에 퇴실했어. 아침에 완도로 이동 청산도 갈 예정이었는데 얼떨결에 녹동에서 거문도행 '평화 페리 11호' 승선하여 07시 5분 출항했지.

여객선은 녹동의 아침바다 뿌연 해무 사이로 거금대교와 우측 소록도 지나 거금도와 금담도 사이로 유유히 미끄러져 갔어. 바다에는 매생이, 전복 양식장이 울긋불긋 펼쳐져 있었어. 풍경을 보며 사진 찍다가 어제 제주 마지막 여정 메모를 했어.

지쳐 그냥 잠들 때면 여행기록은 다음 날 아침이나 여유시간 이용하고 책도 보면 이동하는 시간도 지루하지 않아.

라면

거문도 전경

세영이 배고프다며 선실 매점에서 왕 뚜껑, 햇반, 찐 계란, 사과 주스를 구매했어. 선실의 뱃머리 창가 선반에 올려놓고 선채로 바다를 보며 먹는 아침식사였지.

나리야! 여행은 심신의 오감이 총 동원되어 모든 감각이 활성화되는 것 같아. 평화 페리 여객선은 초도항 경유 거문도 고도항에 10시 25분 입항했어. 선적한 차량에 탑승한 채 거문도 땅 삼호교 건너 예약해둔 숙소 대인민박으로 갔어.

서도리 장촌 '대인민박' 주인 마님과 예약 확인 후 안채 마당 좌측 계단을 올라갔어. 숙소는 미닫이 온돌방 두 개에 싱크대 욕실 냉장고 TV 기본 시설을 갖춘 민박이었어. 포구에 정박해 있는 어선, 노루 섬, 동도 전경이 창문으로 들어오고 뒤 쪽에는 마을과 텃밭 작은 사찰 건물이 보였어. 숙박에 필요한 캐리어 아이스박스 옮겨놓고 주변 탐방에 나섰지.

2015년 9월 개통했다는 거문대교방향으로 걸었어. 서도 녹산 등대 입구 공사 중인 초등학교와 거문도 해풍 쑥 밭, 유채꽃, 조릿대군락 지나 동백나무터널로 들어섰어. 호젓하여 분위기 좋고 툭 트여 화사한 바다 풍경을 독차지하고 산책로 따라 걸었어. 봄 꽃무리와 살랑거리는 바람, 길섶에 적혀있는 안도현 '섬' 허형만 '하심下心' 등 아름다운 시어들과 푸른 바다와 하늘 투명한 햇살 날씨가 좋아 절경이었지.

마음은 새가 되어 하늘하늘 푸른 바다 위를 날다가 나비가 되어

나풀나풀 해안 절벽 산비탈 풀 뜯는 염소 등에 앉았어. '파도가 섬의 옆구리를 때려 친 흔적이 절벽으로 남아 그것을 절경이라 말한다.' 복효근의 '섬'이라는 시詩어가 거문도 풍경과 어우러져 감동적이었어.

염소   인어상,

꽃   거문대교

나리야! 여수와 제주 바다 가운데 위치한 거문도의 녹산 등대 방향 길목 팔각정 전망대 '녹문정鹿門亭'에 올라갔어. 녹문정에 오르면 거문도 주변이 한 눈에 들어오는데 쾌청한 날이면 여수와 제주도까지 보인대.

녹문정에서 산책로 따라 가면 인어 해양공원에 도착해. 파도치는 바위 초승달 위에 걸터앉은 '신지끼'라는 청동 인어상이 거문도 바다를 내려다보는 모습이었어. 인어는 밤이나 새벽 해변에 나타나 배를 쫓아오며 신비한 소리나 절벽에 돌을 떨어트려 태풍으로부터 어부들 생명을 보호했다는구나.

인어, 신지끼? 확실한 의미는 모르지만 일본풍 이름이어서 갸우뚱 했지. 녹산 등대에 오르면 장촌 마을 해변과 해안선, 거문도 지형이 시원하게 드러났어. 등대에서 내려와 인어해양공원아래 쉼터에서 마을로 내려가는 다른 길이 있어. 올라갈 때는 산등성이로 갔다면 하산할 때는 산허리 오솔길 따라 마을로 내려오며 숙소 다도해 식당에 점심을 주문했어.

다금바리 수제비를 끓이고 있는 중인데 쉽게 못 먹는 별미라고 하여 좋다고 했어. 식당에 들어서자 이미 차려놓은 쌀과 다금바리를 넣은 감칠맛 있는 부드러운 수제비에 잘 익은 파김치, 김장 김치, 고추 멸치조림 반찬도 깔끔했어. 다금바리가 뭔지 알쏭달쏭해서 여주인에게 질문했지.

"다금바리가 다슬기나 조개 종류인가요?"

"아니요. 물고기예요."

여주인이 웃으며 말했어.

"다금바리 어감이 조개종류 같아요. 저희가 생물 회 종류 안 좋아 하고 생선도 익숙한 갈치나 고등어 조기 등 몇 가지 외에 잘 몰라요."

"바닷가에 오면 주로 회를 먹는데 그러면 뭐 먹어요?"

"구운 생선 먹어야죠."

"네, 모듬 생선구이도 괜찮아요."

"그래요. 내일 점심 때 먹어봐야겠어요."

나리야! 다도해 식당은 밖에서 작은 미닫이 출입문을 보면 허름한 실내 포장마차 같은데 안으로 들어서면 인테리어가 반전이야. 여주인이 직접 실내 장식하고 꾸몄다는데 벽지 액자 화분이 조화로워 도시 분위기 좋은 카페 같았어.

숙소에 올라가 양치하고 16시 20분 '백도 유람선'을 타려고 고도 항에 갔는데 기상악화로 출항 중단 되었어. 내일 오전 출항도 확실하지 않아 연락해준다는 말만 듣고 실망하며 돌아오다가 근처 마트에 들렀어.

쌀과 라면 김 계란 비스킷과 울릉도 해풍 쑥이 있기에 호기심에 한 봉지 구입하고 거문대교 건너 가로공원 전망대로 갔어. 어촌풍경 사진을 찍으며 걷다가 숙소로 들어갔어. 늦은 점심 먹어서 저녁때는 오렌지 곶감으로 후식삼아 먹었어.

어제까지 제주도 돌아다니다 새벽 녹동모텔에서 세영의 거짓말에 황당해하며 얼떨결에 거문도에 들어와 또 하루가 저물었구나.

일과 메모 후 책을 보고 있는데 내일 오전 07시 백도 유람선 출항한다는 고도 선착장 직원 연락 받았어.

바다의 석림石林 백도의 위엄

나리야! 지난 밤 9시가 채 안되어 잠들어서인지 03시에 일어났어.
잠이 안와 책을 읽다 성이시돌 목장에서 구입한 덩어리 치즈를
얇게 저며 크래커 사이에 넣어 간편식을 준비했어. 세영을 깨워
오렌지와 함께 먹고 커피 마신 뒤 06시 30분, 백도 유람선 선착장
으로 나갔어.

백도 유람선은 왕복 두 시간 소요, 비용은 2인 6만원이었어. 승
선인원은 20명이었는데 기상이 나쁘거나 인원이 없으면 출항을
안 한다고 해. 단체 관광객 15명 덕분에 합류하여 다행히 백도에
갈 수 있게 되었지. 백도 유람선은 정시 고도항을 떠나 안개 자욱
한 몽환적인 느낌의 아침바다 길을 나섰어.

둥근 섬과 덜 섬을 뒤로하고 망망대해 바람과 파도에 유람선이
흔들렸어. 짙은 안개와 해무에 시야가 가려진 바닷길은 전설의 고
향에서 보던 저승 가는 나룻배 분위기마저 연상되었어. '날씨가
나빠져 비가 오거나 구름이 많아 백도가 안보이면 어쩌나?' 여행

객들 모두 침묵했고 걱정하는 표정이었어. 유람선은 하얀 거품을 뿜어내며 출렁이는 바다를 가르고 달려 나갔어.

'거문도에 가서 백도를 못 보면 아니 가는 것과 같다'고 하는 말이 있는데 가서 보기 전에는 이해 못했지. 하얗게 보이는 섬 두 개 정도가 독도처럼 바다 가운데 있는 것으로 알았거든. 독도 가기 전에는 세 개의 섬이 오붓하게 모여 있는 거문도 전경과 녹산 등대 가는 1.2km 산책로만으로도 충분히 좋았어.

여수시 삼산면 거문도는 다도해 최남단 세 개의 섬이 모여 삼도 三島이며 고도와 서도는 삼호교, 동도와 서도는 거문대교로 이어져 있어.

고도 항에서 40여분 가는 동안 안개가 걷히고 햇살이 떠오르며 역광을 받은 비현실적인 섬의 실루엣이 비치는데 가슴이 두근거렸어. 사진이 미화되어 현지에 가면 실망하는 경우가 많은데 백도는 반대 상황이었어. 아련한 그림자로 비치는 망망대해 가운데 섬 군락들은 이 세상 모습이 아닌 듯했어. '안개 속에서 선계로 순간 이동 한 것은 아닌가?' 하는 생각마저 들었지.

노루섬

백도

　나리야! 이구아수 폭포를 보기 전 나이아가라보다 조금 더 크려니 했다가 폭포의 숲을 보고 숨이 멎었던 때와 비슷했지. 독도가 영토와 역사의 상징적인 의미라면 백도는 갖가지 현란한 형상의 바위 숲이 푸른 바닷물 가운데 늘어선 신들의 놀이터였어. 백도 주변을 8자 형태로 상 백도와 하 백도를 돌며 보는데 위치와 햇빛에 따라 시시때때로 빛깔과 형상이 바뀌었어.

　선실 밖 난간에서 휴대폰과 카메라로 사진과 동영상을 찍느라 튀는 바닷물에 옷이 젖는 것도 몰랐어. 백도를 감싸 안고 있는 푸르고 투명한 엄청난 물속을 헤엄치는 물고기가 되고 싶을 정도였지. 수천 미터 상공을 날고 있는 비행기에서 환상적인 창밖 풍경에 취해 그 순간 비행기가 추락하거나 새가 되어 날아가도 좋겠다는 느낌과 유사했어.

　여행객들의 탄성과 유람선 가이드 설명이 이어졌어. 형제바위, 물개바위, 삼선암, 시루떡 바위. 병풍바위. 거북바위, 해 바위, 서방바위, 각시바위 등등 셀 수없는 바위 명칭과 하얗게 보여 '백도' 섬이 백 개라서 '백도' 또는 옥황상제 아들이 아버지 노여움으로 귀양을 보냈는데 용왕의 딸과 눈이 맞아 풍류를 즐기며 긴 세월 돌아오지 않아서 아들을 데려오라, 백 명의 신하를 보냈대. 그들마저 돌아오지 않아 모두 돌로 변하게 하여 크고 작은 섬 '백도'가 되었다, 는 전설도 들었어.

나리야! 한 개의 바위에도 명칭과 전설이 있는데 일백 가지 전설이 있어도 이상할 것이 없었지. 정상 등대까지 올라가 석림 전체를 조망했던 때도 있었는데 백도의 명물 '매부리 바위'가 도굴 당한 뒤 접안 금지 순회 관광으로 바뀌었대.

백도에는 353종의 식물, 20여종의 야생화, 30여종의 희귀 조류, 170여종의 해양 생물이 있어 오염 되지 않은 생태계의 보물창고라고 하더구나. 거문도에 가서 백도를 못 본 다면 아니 간 것과 같다는 말이 이해되었어.

아름답고 신비로운 백도에서 고기잡이 마치고 돌아오는 햇살에 비치는 하얀 돛배 '백도귀범白島歸帆'을 거문도 삼호팔경 중 으뜸이라고 하지. 조선시대 유학자 귤은 김유 선생(1814-1884)의 삼호팔경三湖八景도 관심이 많아졌어.

동도 귤은 사당에도 가보고 나머지 거문도 7경도 뜻을 잘 새기며 봐야겠다는 생각이 들었지. 귤정추월橘亭秋月 유촌리 '귤정'에 비치는 가을 달빛, 죽림야우竹林夜雨 대나무 숲에 밤비 내리는 소리, 녹문노조鹿門怒潮 서도 끝의 절벽 아래 성난 파도, 용만낙조龍巒落潮 서도 용넝이에서 바라보는 신비한 일몰, 이곡명사梨谷

明沙 서도 남쪽 하얀 모래와 거문도의 아름다운 풍경, 홍국어화紅國漁化 밤바다에서 배에 불 밝히고 함께하는 고기잡이, 석름귀운石凜歸雲 서도 신선바위 주변 안개서린 기와집 몰랑, 다 보고 갈 수 있을까?

나리야! 여행은 발길 닿는 대로 모르고 가야 한다거나 아는 만큼 보인다는 말이 일리가 있지만 좋은 곳은 다시 가 봐야 해. 방문지 정보 수집하고 현지 여행하며 사진에 담아 돌아와서 여행후기 쓴 다음 다시 가야 비로소 제대로 볼 수 있지.

직접 현지에서 사진을 찍으면서도 안 보이던 것이 사진 속에 있고 글을 쓰면서 새로운 내용을 알게 되거든. 보고 싶었던 장소가 바로 인근에 있었는데 모르고 돌아온 뒤 아차하며 안타까운 적 많으니까.

몸으로 하는 여행이 그렇고 독서 여행도 마찬가지야. 읽었던 책을 세월이 흐른 뒤 다시 읽으면 인식하지 못하고 지나쳤던 부분이 다른 느낌으로 감동을 주기도 하지. 여행도 무심히 다녀와 잊어버리듯 책도 읽고 덮어두면 잊어버리는데 밑줄을 치며 요약 발제 하면 책 속 내용이 더 많이 기억에 남아.

백도 유람선은 고도항에 09시 25분 입항했어. 140분이 소요되었어.

영국군 묘지, 회양 봉

　나리야! 고도 항에 돌아와 '거문도항 수축 기념 석조 비' 옆 계단으로 올라갔어. 일제 강점기 신사 터에 건물은 사라지고 튼튼한 초석기단부만 남아있었어. 공터에 운동기구가 설치되어 있고 반대편 벚꽃나무 계단아래는 경찰서 건물이었어.

　어제 들렀던 대홍슈퍼에서 라면을 구매하는데 인심 좋은 여주인이 어디에 묵고 있느냐며 배추김치 한포기 챙겨주었어. 세영은 마트 주인장의 해박한 거문도 역사이야기 들으며 시간 가는 줄 몰랐지.

　1885년 러시아 남하정책을 막기 위해 영국 해군이 거문도 세 개 섬 중에 고도를 불법 점거했는데 중국 사신이 조선 조정에 사실을 알려주었다고 해. 영국군은 고도에 주둔하며 거문도 주민들 동원해 일을 시키고 토지 사용료와 노역비를 지불했으므로 마찰이 없었대. 영국군 대포 소리에 물고기들이 놀라 도망갔다며 배상금까지 받았다는구나.

그 때 우리나라 최초 테니스장이 거문도에 조성되었으며 영국은 러시아 남하 저지 명목으로 거문도 점령하여 '포트해밀턴'이라고 했대. 구한말 극동 조선은 세계열강들의 각축장이었지. 러시아 군함 네 척도 거문도에 입항하여 귤은 김유와 만회 김양록이 선박에 승선 중국 통역사와 필담을 나누었고 '해상기문' 기록이 남아있대.

근처 면사무소 2층에 영국군 점령 당시 사진 자료가 전시되어 있다는 정보도 주었어. 면사무소 2층 회의실 벽에 전시된 거문도 주민 사진은 남녀노소 대부분 하얀 무명 한복 차림이었어. 긴 머리에 지게지고 가는 깡마른 청년, 밭 일, 고기잡이, 절구질하는 주민들 모습과 지팡이 짚고 긴 곰방대 물고 있는 할아버지, 두 명의 영국 해군과 서도 주민들 사진에서 당시 생활상이 보였어.

신사터

주민 사진

영국군 묘지

바다

면사무소 2층에서 내려와 동백 숲 길 지나 돌계단을 오르면 영국군 묘지였어.

네모난 돌담 안에 화강암 묘비, 나무 십자가, 거문도 주민과 영국군 흑백사진 두 장, 동판에 새겨진 안내문과 함께 관리되고 있었어. 양지바른 언덕 전망 좋은 영국군 묘지에서 바라본 거문도 바다는 짙은 청자 빛 비로드를 펼쳐 놓은 듯 잔잔했지.

나리야! 영국군 묘지는 원래 여객선 터미널 동북쪽 고도의 하늘땜에 있었는데 경술국치 후 일본인들이 고도를 면소재지로 정하며 현재 위치로 옮겨졌대.

영국군 묘지 옆 언덕으로 올라가 매화 벚꽃 산죽이 우거진 숲길 따라 '회양봉'까지 걸었어. 회양봉에서 역사공원길 청룡사 방향 거문리 상가골목으로 내려왔어.

상가건어물 매장의 반 건조갈치 고등어 삼치가 신선해 보였어. 박스에 아이스 포장하여 어디든지 택배로 보내준다고 하여 수협 지정중매인 10호 상가에서 고등어 갈치 삼치 구매하여 서울 딸에게 보내주었어.

명함 한 장 받아 넣고 숙소 다도해 식당에 생선구이 모둠정식을 전화 주문했어. 고도 항에 주차해둔 자동차로 가는 길목 두꺼운 기모바지가 덥고 불편해 시원한 바지가 필요하던 때 마침 의류노점을 만나 실내복 바지를 구매했어.

거문도 다도해 식당

나리야! 고도 항에 주차된 자동차로 서도 숙소 1층 다도해 식당으로 갔어. 테이블에 보기만 해도 맛있는 세 종류의 생선에 아홉 가지 반찬이 차려져 있었지. 부드럽고 감칠 맛 있는 우거지 국이 맛있어서 밥을 추가 주문했는데 밥이 없다며 대신 찹쌀 소라 죽을 주었어. '세상에 이런 맛이' 최고의 맛이었어. 밥이 없어서 다행이었지.

도시의 한정식 집보다 깔끔한 맛에 그릇도 고품격 도자기였어. 음식점이 아닌 솜씨 좋은 지인의 집에 초대받아 정성 가득한 식사를 대접받는 기분이었어. 도시 웬만한 식당도 뜨거운 음식의 앞 접시가 플라스틱인 경우가 많고 뜨거운 국물 찌개는 덜어먹기 꺼림칙하거든. 반찬 하나하나가 맛깔스러워 식탁 위 접시가 깨끗이 비워졌어. 후식으로 식혜와 과일 서비스까지, 완벽한 식사였어.

멋쟁이 여주인은 키도 크고 도시에서 살다가 고향 거문도에 들어왔다고 하며 카운터 벽에 책이 꽂혀 있었어. 여행과 책을 좋아

124

한다고 하여 한권 선물로 주고 숙소에 들어가 양치 후 마을 뒤에
보이는 사찰에 가보기로 했어.

식당 내부

식탁

서산사, 이곡정, 귤은당

나리야! 장촌 마을 앞 붉은색 단층 기와 건물 '거문도 뱃노래 전수관'을 지나 장촌 돌담길로 들어갔어. 골목 안쪽에 빈집들이 보이고 주민들이 떠난 집터는 마늘과 해풍 쑥 밭이 되었구나. 마을 뒤 쪽에 조릿대 군락 옆 사당으로 오르는 대리석 계단은 주변 풍경과 너무 이질적이었어.

가파른 계단에 올라서자 유채꽃이 흐드러지게 피어 있는 마당이 펼쳐졌어. 마당 끝 다시 20여개 대리석 계단 위 경앙문景仰門 안마당에는 비각과 불망비 서산사西山祠현판이 새겨진 아담한 사당이었어. 사찰이 아닌 만회 김양록과 아들 김지옥 김정태 서도분교 설립자의 학식과 공덕을 후세에 전하며 매년 숭모제를 올리는 장소였지. 김양록은 거문도에서 김유와 함께 조선후기 유학자였고 1985년 현재의 사당이 조성되었다고 해.

쑥 밭과 조릿대 군락, 동백나무 마을 경치는 아름다운데 인적만 없구나. 서산사에서 내려와 약수터 이곡정으로 갔어. 배나무가 많이 자생하던 이곡정의 물맛이 좋아 주민들이 정안수로 이용하고 영국군들이 식수로 사용하던 곳이야.

이곡정 옆 오솔길로 들어갔어. 세영은 아무것도 없다고 가지 말라 하는데 작은 정자나 사당이라도 있을 줄 알았지. 나무가 우거진 길 마지막에 정성들여 쌓아올린 돌계단을 올라갔는데 잡초만 무성했어. 누군가 정성들여 쌓고 한 때 잘 살았을 것 같은 돌담이 둘러쳐져 있는 반듯한 집터만 남아 있었어. 이곡정 돌계단이 서산사 입구에 있다면 서로 어우러져 보기 좋을 것 같구나.

나리야! 배산임해背山臨海 산에는 희고 붉은 산 벚꽃이 만발하고 앞에는 청정바다, 풍경은 무릉도원인데 집터만 남아있고 인걸 人傑은 간데없네. 이제 동도 굴정추월로 갈 거야. 거문도 들어오기 전 녹동에 차를 두고 올까 했었는데 배에 싣고 오길 잘했어.

거문도에 택시 두 대가 있다는데 이동할 때마다 택시 부를 수도 없고 차 두고 왔다면 돌아다니지도 못했겠지. 자동차 잘 가져 왔다며 여행객들이 부러워했어. 관광객들은 백도白島에 못가면 대부분 녹산 등대 산책하고 돌아가는 것 같아.

동도 유촌리 해안가에 주차하고 '용만 낙조' 유촌 1길 골목으로 들어갔어. 동도 분교, 유촌 교회 뒤로 굴은 사당이 보였어. 동도 분교에는 태극기가 펄럭이고 이순신동상 아래 거북선은 넝쿨식물 줄기가 갑옷처럼 칭칭 감싸고 있구나.

서산사

산벗꽃

굴은당

마을주민

　굴은 사당은 1904년 김유선생의 제자 박규석이 지었는데 입구
에 공적비와 필무문必武門 굴은당橘㘉堂은 서산사와 유사했어.
담양서원에 유학한 학자 굴은 선생은 낙영제를 세우고 후학에 힘
썼으며 친필주서, 영조기증선, 현감존문장 등과 영국군 점령당시
상황을 기록으로 남겼대.

　굴은당 아래 유촌리는 민박과 현대식 주택, 높은 담장 안에 쌓은
풍채 좋은 기와집의 부촌이었어. 봄날 햇살을 받으며 담장에 기대
걸터앉은 마을 할머니들을 만났어. 벽화가 그려진 담장 옆 할머니
들 옆에 우리도 잠시 앉아 쉬었어.

"마을이 예쁘고 집들이 좋아요. 저기 고래 등 같은 집은 누구 집이에요?"

"이, 우리 친군디 아들이 서울서 돈을 많이 벌어 엄니 한티 집 지어 줬어. 우리는 인제 다리가 아파 놀로도 못 댕기는디 둘이 구경 댕기믄 좋것소."

"할머니도 할아버지랑 여행 다니면 되죠."

"영감, 먼저 가부렀어. 각시가 독한 소리를 많이 하면 영감이 얼렁 죽었부러."

의미심장한 할머니 말을 생각하며 '푸른 숲과 등대가 있는 자연 관찰로' 안내 지도가 있는 길로 내려왔어.

나리야! 이른 아침부터 백도 순회하고 신사터, 영국군 묘지, 회양봉, 어시장, 서산사, 이곡정, 귤은 사당까지 거문도 일주를 했구나.

거문도는 삼산도, 삼도, 거마도로 칭하다 청나라 정여창이 영국의 점령에 항의 방문 중 학문이 높은 문장가들이 많은 것을 보고 조선조정에 개칭을 권유, 현재의 거문도巨文島가 되었다고 해. 청나라 이홍장이 영국과 러시아가 동시에 물러나도록 중재, 영국은 떠나며 일본에 신식 군대 장비를 주고 러시아 견제를 요청했대.

일본은 신식 해군 장비로 무장 1904년 러일전쟁에서 승리 한일합방 강행 일제 강점기가 시작되었으며 고도 선착장 인근 민가와 상가에 일본식 건물이 남아있어. 거문도에 가면 역사에 눈 뜨고, 경치에 취하며, 인물에 감동한다는데 맞는 말이었지.

거문도에서 녹동으로

나리야! 05시, 밥을 지어 갈치조림, 김치, 김, 양파로 식사 뒤 캐리어와 아이스박스를 챙겨 자동차에 실었어. 09시 주인장과 작별인사 후 고도 선착장 도착하여 승선권 구입 후 시간여유가 있어서 수월산 거문도 등대 입구 목 넘어 해안으로 갔어.

거문도 등대 올라가 볼까 하는데 전화가 왔어. 14시 30분 출항 여객선이 기상악화로 3시간 앞당겨 11시 30분에 떠난다고 했어. 풍랑에 파도가 밀려와 바닷가 바위에 부딪치는 모습이 심상치 않았어. 시간이 촉박해 거문도 등대 방문 포기하고 수월산 봉우리 하얀 등대 사진만 찍었지.

거문도 4경이라는 녹문노조鹿門怒潮 등대가는 길은 돈나무, 광나무, 동백 등 자생식물 숲이 터널을 이루어 아름답다고 해. 백도가 보인다하여 관백정觀白亭인 정자에 오르면 신선바위와 기와집 모양 산마루 '기와집 몰랑' 해안절벽에 부딪치는 안개 속 절경 석름귀운石凜歸雲은 날씨가 허락 안하는구나.

숲길

바다

130

선바위

나리야! 고도 여객선 터미널로 돌아가 자동차 선적하고 승선했어. 기상악화로 오늘은 백도 유람선 출항도 취소되어 서울에서 백도 가려고 왔다는 부부가 타고 들어온 여객선으로 되돌아간다고 했어. 우리는 어제 운 좋게 잘 다녀온 것 같아.

"서울에서 왔는데 그냥 가면 어떻게 해요? 하루 쉬고 내일 백도 다녀가세요."

"오늘 하루 종일 뭐해요? 내일도 날씨가 어찌 변할지 모르고요."

백도는 하늘이 도와야 갈 수 있다는 신비의 섬이라는 말이 실감 나는 순간이었어. 고도에서 11시 출항했어. 여객선 객실 창가에 서서 책을 보는데 배가 심하게 흔들렸어, 섬들도 낮고 짙은 구름에 형체마저 흐릿하고 뿌옇게 변한 바닷물이 요동쳤어.

엄청난 물 위에 나뭇잎 같은 평화해운 페리 11호는 좌우 반복적으로 기우뚱거리며 힘겹게 녹동 여객 터미널에 14시 30분 입항했어. 자동차에 승선한 채 녹동 항구에 내려 소록대교를 건너갔어. 국립 소록도 병원 입구에 주차하려다 비바람에 녹동 쪽으로 되돌아 나왔어.

나로도 가는 길

　나리야! 오랜만에 나로도에 가보려고 해. 고흥 나로도는 오래전 세영과 내가 처음 만난 곳이야. 나로도 방향 거금 휴게소 공원에 하늘 향해 팔을 치켜든 은빛 거인 조형물이 눈에 띄었어. 마침내 깨어난 거인 '꿈을 품다'라는 문구가 적혀있었지. 고흥에 잠들어 있던 거인이 마침내 깨어났다는 상징적인 표현으로 하늘 너머 우주의 별에 손을 내미는 형상이었어.

　공원에는 우주에서 날아 온 '두원운석' 아래 '1943년 고흥군 두원면에 운석이 내려왔다.'라는 설명문과 쉼터, 정자, 해전 승전 탑이 세워져 있었어. 고흥 특산 8품品 안내와 유람선 선착장 주변에 붉은 노을 길, 오마권 산책로가 조성되어 있는 공원휴게소였지. 화창한 날에 방문하면 좋겠지. 가랑비 부슬 부슬 내리는 풍경도 나름 운치 있지만 여행은 날씨로 인해 빛과 그림자로 나뉘어져.

　도양읍에서 우주 항공로 타고 도화방면 '오마간척 한센인 추모 공원' 해양체험관 옆에 정차했어. 꽃은 활짝 피었는데 추모공원은 강풍으로 한산했어. 오래전 소록도 한센 인들이 자신들의 땅이 생긴다는 일념으로 노역하다 갑자기 쫓겨난 사연을 알면 누구나 가슴 아파하는 장소야.

나리야! 안내문에 의하면 소록도 북쪽 봉암 반도와 풍양반도 사이에 있는 오마도를 방파제로 연결하는 구상은 군의관 출신 소록도병원장 조창원의 주도로 시작되었고 안쪽 바다를 메워 여의도 세배 이상의 농지조성 사업이 실행되었어.

소록도 한센인들은 간척 완료되면 땅을 소유한다는 일념으로 1962년부터 3년 동안 삽과 손수레만으로 인근 산에서 흙과 돌을 날라 바다에 쏟아 붓기 시작했어. 파도에 밀려나간 흙더미는 다시 퍼서 밀어 넣기를 셀 수없이 반복했지. 갯벌이 깊어 3m 철근이 다 들어가고 대나무를 줄지어 꽂아놓으면 다음날 이파리만 보였대. 소나무와 대나무 사다리를 수없이 개펄에 박아 넣고 흙과 돌을 쏟아 부었어.

갖은 고생 끝에 완공될 무렵 군사정부는 간척사업에서 나환자들을 쫓아냈어. 나환자들과 육지에서 함께 살 수 없다며 간척사업에 반대하던 주민들 민원을 핑계 삼았지. 청천벽력 같은 소식에 나환자들 꿈은 무너지고 완공된 농지는 주민들에게 분양되었어.

한센인의 피눈물서린 오마도 간척지 조성과정, 다시 보는 테마관, 간척지 공사 조형물, 사진 자료가 전시되어 있어. 이청준의 소설『당신들의 천국』무대가 된 곳이야. 고된 노동 중 목숨을 잃은 한센인 추모 위령탑이 허무하고 쓸쓸해 보이는구나.

휴게소 정자   거인 조형물   한센인 추모공원

나리야! 발포해변 포두면 나로 대교를 건너 내나로도로 들어갔어. 옛날에는 배를 타야만 접근할 수 있었던 머나먼 섬이었지. 라디오 일기예보에 귀 기울이며 풍랑 주의보가 내리면 꼼짝없이 발이 묶이던 때를 생각하면 연륙교로 이어져 스르륵 도착한 '내나로도'가 실감이 안 났어. 나로 2대교 통과 외나로도까지 순식간에 들어가 여수 거문도 손죽도 등으로 출항하는 축정 나로 연안 여객 터미널에 도착했어.

출출하여 간식 먹으려고 크래커와 잼 과일 물을 챙기는데 치즈가 안 보였어. 성이시돌 목장에서 구매한 덩어리치즈 조금 잘라먹고 남았는데 거문도 숙소 냉장고에 두고 온 것 같아.

"뭐야, 맛있는 치즈였는데 아이스박스 물건 담을 때 잘 챙겨야지!"

"그러게, 안쪽에 있어서 잘 안 보였나봐."

크래커사이에 잼을 바르고 치즈 넣어 먹으면 맛있는데 잼만 발라 먹었지.

외나로도 검은 몽돌 해변

나리야! 외나로도 봉래남 초등학교는 친정아버지가 교장 승진 발령 받은 첫 부임지였고 내가 세영을 처음 만난 곳이야. 연육교가 없던 때 고흥 동래도 선착장에서 배를 타고 신금리 축정으로, 또는 여수항에서 선박 이용 예내리 창포 선착장에 입항, 4km 정도 걸어 다녔어.

아버지는 40대 후반이었는데 초등 3학년 막내 현지만 데리고 어머니와 셋이 관사에 거주하셨어. 7남매 중에 큰언니는 결혼하고 다섯 남매는 도시 본집에서 초, 중, 고, 대학에 다녔어. 가끔 어머니가 본집에 가면 내가 나로도 관사에서 아버지, 막내와 지냈지. 개인 유선전화도 드물었던 시대에 전보, 공중전화, 편지, 엽서가 보편적이었어. 어느 날 편지왕래만 하던 세영이 방학 중 예고 없이 경기도에서 나로도까지 왔었지.

초등학교

바다

마을 바다

　나리야! 사연을 다 적으려면 끝이 없고 20대 초반 신금리 축정 시장, 남초등학교, 외초리, 내초리, 검은 몽돌 해변 염포까지 섬을 누비던 추억의 장소에 다시 왔어.

　축정은 외나로도 봉래면 면소재지로 중, 고등학교 약국 병원 시장이 있는 섬의 번화가였지. 봉래남초교에서 4km 걸어 막내 여동생과 축정 시장에 다니던 기억이 선한데 수십 년이 지난 지금 옛 항구 모습은 간데없고 나로도 연안여객 터미널 광장으로 변했구나.

　뒷골목으로 들어가자 반갑게도 옛 모습을 간직한 작은 상점들이 남아있고 앞바다 쑥 섬(애도艾島)은 그대로였어. 쑥 섬은 아직 연륙교로 이어지지 않았어. 주민들과 교사부부가 정성들여 가꾼 다는 쑥 섬의 산 위 '비밀의 정원' 원시 난대림 탐방로가 알려지며 여행객들 방문이 많아졌다고 해. 물을 사이에 두고 바라만보다 와서 더욱 그리운 작은 섬들, 울릉도 죽도, 외나로도 애도, 제주 비양 도 소박한 부속 섬 여행도 좋을 것 같아.

나리야! 외나로도 남초등학교 가는 비포장 언덕길은 넓은 포장도로가 되어 낯설었지만 바다와 마을풍경은 그대로였어. 구판장이 있던 장소 지나 봉래남초등학교 도착했는데 나무는 우거지고 운동장에는 잡초가 무성했어. 건물 벽은 검게 얼룩져 '폐교가 되어 버려졌어.' 외치고 있었지.

잡초 덮인 폐교 운동장, 40대 젊은 아버지와 열정적인 교사들, 운동장과 교실을 가득 채우던 생기 넘치던 몇 백 명 아이들 모습이 스쳐갔어. 학교주변 예쁜 민박집들과 대비되어 황량해 보이는 폐교가 지역사회 유익한 장소로 탈바꿈하기를 소망하며 염포 해변으로 갔어.

소나무 돔

펜션

몽돌해변

　바람 부는 염포 검은 몽돌 해변 '나로 힐링 펜션' 02호실에 숙소를 정했어. 해변 검은 몽돌을 일본에 팔았다는 소식이 있었는데 그대로여서 다행이었어.

　강풍에 구름이 많았지만 공기는 맑아 뿌연 바다 너머 줄줄이 늘어선 섬들이 푸른 수채화 그림처럼 선명하고 몽돌 해변 솔숲에는 우주센터 상징 '하얀 돔' 조형물이 있구나. 눈부신 노을 인공적인 놀이시설 없는 검은 몽돌해변의 순수한 모습이었어.

　흐리고 바람 부는 봄날 외나로도 추억의 염포 해변은 옛 모습 그대로 몽땅 우리차지였어. 거문도에서 사 온 해풍 쑥을 불려 양파 감자를 넣은 된장국에 저녁밥 지어먹고 '나로 힐링 펜션'에서 하루 밤을 보냈어.

나로 우주 과학 센터

나리야! 아침에 라면 끓여 남은 밥과 함께 식사 하고 짐 챙겨 차에 옮겼어. 바람은 잦아들고 펜션 뒤 봉래산과 몽돌해변은 세수한 듯 해맑고 청명했어. 세영이 짐 정리하고 차 닦는 동안 해변으로 갔어. 고요해진 염포 해안 몽돌은 밤새 비 바람에 씻겨 반짝였어. 물기 머금어 은은하게 빛나는 흑진주 같은 몽돌 몇 개 골라 슬그머니 주머니에 넣었지.

"안녕! 염포 해변 몽돌과 바다풍경! 잊지 않을게." 작별인사 하고 떠났어.

염포 중촌마을 지나 하촌 마을 갯돌 바닷가에 잠시 내렸다가 나로 우주기지 방향으로 이동했어. 봉래산 탐방로 편백나무 숲 길 입구에 주차했어.

숲은 흠뻑 젖어있고 안내판에 물방울이 맺혀 흘렀어. 상큼한 편백나무 향내 맡으며 잠시 아침 산책하려다 쌩한 추위와 적막한 분위기에 10m 쯤 들어가다 뒤돌아 나왔어. 편백나무 숲에서 구부러진 도로를 빠져나가자 풀밭에 아기 고라니 조형물, 알루미늄 로봇 형상과 광장에 하얀 로켓이 금방이라도 솟아오를 듯 우뚝 서있었어.

　예내리 하반마을이었던 나로 우주센터 야외 광장에 크고 작은 로켓 모형이 전시되어 있고 해풍에 태극기가 휘날렸어. 우주과학관 건물과 염포 해변에서 보았던 하얀 돔 동영상관으로 갔어.

| 편백숲지도 | 로켓 | 로봇 조형물 |

　나리야! 나로 우주 센터에서는 고흥군 주최 과학의 달 행사와 우주 항공 축제, 청소년 수련원 프로그램도 운영하며 관람기회도 제공하고 있더구나. 우주 센터는 러시아 기술 협력으로 2009년 6월 준공하며 세계 열세 번째 우주센터 보유국이 되었대.

　댐이나 도로 국책 사업으로 마을이 사라지고 삶의 터전을 떠나야 하는 주민들이 많은데 우주 센터 조성으로 이곳에 터전을 잡고 살아오던 하반 마을도 사라졌어. 우주 센터 한 쪽에 옛 '하반 마을' 전경사진과 위치도, 유래를 알리는 안내판이 세워져 있었지. 이제 완도 항으로 이동 '청산도'에 갈 차례구나.

청산도 가는 길

갈대

　나리야! 나로 우주센터에서 고흥 포두면으로 나왔어. 해창만 방향으로 향하던 중 고흥 10경중에 으뜸인 팔영산이 나타났어. 백두대간 남쪽 끝자락 여덟 개 암 봉이 이어져 봉우리마다 유영봉 성주봉 사자봉 등 고유 명칭이 있는 팔영산은 참나무, 고로쇠, 단풍, 벗 나무, 소나무가 우거져 천연 자연 휴양림이 되어 주고 있어.

　계곡 맑은 물은 주변 저수지에 모여 농업용수가 되고 팔영천으로 흘러들어 남해 바다와 합류하며 갈대가 어우러진 강과 들판이 시원한 해창만이 펼쳐졌어.

내륙으로 깊게 들어온 해창만은 수심이 얕아 썰물 때 갯벌이 되며 소형어선만 드나들 수 있다고 해.

사물놀이

해창만 가오리강변에는 갈대군락과 부들, 말 풀이 어우러져 자라며 장흥 대덕강의 수문으로 이어지고 있어. 대형 물고기가 서식하며 낚시꾼들이 선호하는 장소라고 해. 쉬엄쉬엄 볼 것 다 보며 가는데 한적한 지방도로에 교통체증이 나타났어.

"무슨 일이죠?"

"사고 난 것 같은데,"

도로변과 마을 학교를 가득 메운 차와 사람들 사이를 천천히 지나치다 화장실도 가고 싶고 궁금하기도 하여 도로변에 차를 세웠어.

'점암 면민의 날' 현수막이 보였어. 점암 중앙중학교에서 면민의 날 행사 중이었지. 고깔모자와 사물놀이 복장의 사람들이 소고를 치며 모여들었어.

142

운동장에 주민들이 가득하고 학교 내부 화장실은 이용 불가였어. 이동식 화장실이 운동장 구석에 있어 옹색하지만 볼일을 보고 나와 박 터트리기 시합 구경하는데 주민이 세영과 나를 보고 앉으라고 했어. 천막 야외 테이블에는 과일 떡 잡채 김치 수육 등 음식이 차려져 있었지.

"음식 좀 드셔라. 어느 마을 사람이 다요?"

"네, 저희는 주민이 아니고 지나가다 구경 왔어요."

"어디서 왔는디?"

"경기도에서 거문도, 나로도 갔다 지나가는 길에 들어왔어요. 오늘 면민 축제날인가 봐요?"

"1년에 한 번 고향을 찾은 향우와 면민들 친목을 다지고 정을 나누는 날이어라."

아주머니는 밥과 국을 챙겨 주었는데 세영이 머뭇거리며 멋쩍게 쳐다보았어.

"얼른 앉아 드셔라. 찾아온 손님도 같이 먹어야지라."

마치 고향을 찾은 향우처럼 식사 후 믹스커피까지 챙겨준 인심 좋은 아주머니였어,

"감사합니다. 구경도 하고 음식 맛있게 잘 먹었어요."

식사 후 줄다리기와 면민 노래자랑 보다가 배부르게 얻어먹은 나그네는 퇴장했어.

고흥 점암면에서 완도방면으로 가다 강 둑 벚나무 뒤로 둥근 바

위산봉우리와 가파른 암벽이 바라보이는 장흥 졸음쉼터에 정차했어. 포토 존 옆에 마침 궁금하던 바위산에 대한 설명문이 적혀 있었지.

바위는 사인암舍人巖, 정자는 사인정舍人亭이며 조선 초기 김필, 단종, 수양대군 이야기가 전해지는 역사적인 장소였어. 정자 옆 큰 바위에 제일강산第一江山 이라 새겨져 있고 생육신 김시습이 10년 동안 머문 곳이라고 해.

맑은 물이 흐르는 강둑의 가로수 벚꽃이 화사한 탐진강은 지류와 만나 강진만으로 흘러가고 있었지. 강변 자전거 길은 장흥 댐에서 강진만 까지 생태공원과 천년가로수길 해안 경관을 즐길 수 있는 가우도와 저두 출렁다리까지 이어져 있어.

사인암   청자

청자 조형물   청자 매장

나리야! 장흥 탐진 2교 건너 강진 대구면에 도요지 고려청자 박물관이 나타났어.

"우리 여기 보고 가요."

일부러 찾아오기 어려운데 지나가는 길에 관람기회를 놓칠 수 없었지. 강진 청자 박물관은 여계산女鷄山을 배경삼아 넓은 부지에 자리 잡고 있었어.

암탉 닮은 여계산은 비둘기 노루 꿩 등 동물과 춘란 진달래 쥐똥나무가 자생하며 청자 박물관과 연계해서 역사교육 자연 학습장으로 이용되고 있다고 해. 강진 14경 안내 지도 보고 입구로 갔는데 입장료 받는 곳도 없고 문이 열려있어 들어갔지.

전통 가마와 도자기 제작 재연 모습, 반짝이는 스테인리스 청자 조형물과 야외광장 대리석 받침대 위에 다양한 실제 도자기들이 전시되어있었어.

청자의 자태 빛깔 문양에 홀려 카메라 셔터를 눌러댔지. 청자 체험장, 청자 판매장, 청자 박물관과 디지털 박물관에서는 4D 전통 민화 체험과 성인 춘화방도 있더구나.

젊은 사람들이 선호하는 청자 촌 1. 2. 3 오토캠핑장도 운영 하던데 여름에는 인파가 몰려올까? 드넓은 부지에 좋은 시설이 너무 한적해 유감이었지.

청자 박물관 관람 후 해안도로변 고바우 전망대 가로공원에 또 정차했어. 강진만 청자 빛 바다가 수심에 따라 다양한 푸른빛이

절경이었어. 바다 너머 천관산을 배경으로 높고 낮은 섬과 섬의
곡선, 산과 산이 겹쳐지며 하늘 바다가 한 폭의 산수화처럼 펼쳐
졌어. 왜? 푸른 별 지구인지 실감나는 자연의 경이로움에 매료되
는 순간이었어.

고바우석상

바다

여행 중 도로를 지나다 보면 좋은 장소 사진에 담고 싶은 곳이
많은데 대중교통이나 단체이동 중에는 스쳐갈 수밖에 없지. 자동
차 이용 장점은 좀 더 자유롭게 멈춰 보고 쉬어갈 수 있는 거야.
깜깜한 밤에 목적지만 향해 달리거나 터널로 이동하는 여행은 답
답하고 짧은 시간도 지루해.

인생길도 가다보면 뜻하지 않은 길로 가게 되고 기대하지 않았는
데 좋은 기회가 오는 것처럼 여행도 그런 것 같아. 멀리 바다위에
희미하게 긴 다리와 산꼭대기 위에 거대 도자기 조형물이 보였어.

"저기 산 위 청자와 바다 위 다리는 뭐지?"

"가우도 출렁다리인데 저기도 갈 거야."

"그러면 얼른 가야지."

"가우도 출렁다리는 청산도 들어갔다가 돌아오는 길에 갈 거야."

"지금 가고 싶은데."

"청산도 여객선 14시 30분 출항이라서 시간이 부족해."

완도 5일장에서 청산도까지

완도 5일장

나리야! 강진 고바우 전망대에서 고금대교, 장보고 대교, 신지
대교, 청해 포구 지나 완도읍에 도착했어. 가는 날이 마침 완도 5
일 장날이어서 시장 근처에 정차하고 무 우, 고등어, 양파, 풋고추,
사과를 구입했어. 나오다가 할머니가 함지박 가득 담아 놓은 배추
겉절이 김치가 맛있어 보여 2kg 구매하고 부랴부랴 시장을 나와
14시 10분에 완도항에 도착했지.

'청산 아일랜드' 여객선 출항 20분 전 승선권 구입 차량 선적까
지 일사천리 진행되었어. 출항시간 5분전 한숨 돌리자 울창한 숲
으로 덮인 둥글고 작은 섬에 시선이 꽂혔어. 완도항 앞 바다 작은
섬은 주도珠島라고 하더구나. 섬 전체에 수백 종 상록수림이 우거
져 있으며 천연기념물 28호로 지정되어 있고 섬이 구슬 닮아 주도
이며 항공 촬영해보면 하트 모양이라고 해.

주도, 타워

　나리야! 청산 아일랜드 여객선은 정시에 출항 하얀 거품을 내며
완도 선착장에서 멀어졌어. 청산도 까지 소요시간 50분이야. 푸른
하늘과 바다 사이에 갈매기는 자유롭게 날고 있구나.

　15시 25분 청산도청 항에 입항했어. 여행객과 자동차들이 청산
도 땅으로 쏟아져 나가고 '느림의 섬' 청산도 슬로건과 달팽이 조
형물이 먼저 반겨주었어.

　'산아, 우뚝 솟은 산아, 철 철 철 흐르던 짙푸른 산아,' 박두진의
시詩와 '살어리 살어리랏다. 청산에 살어리랏다. 머루랑 다래랑
먹고 청산에 살어리랏다' 고려가요 청산별곡이 떠오르는 하늘 바
다 산이 모두 푸르러 청산도青山島 라는 곳에 내렸어.

　몇 년 전 청산도가 고향인 지인이 있어 모임회원 단체로 방문 기
회가 있었는데 함께하지 못해 아쉬워하던 그 땅을 이제야 밟는구나.

청산도에서 숙소 구하기

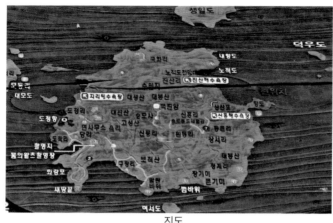

지도

나리야! 청산항 여객 터미널 매표소 앞에 마을버스, 순환버스, 택시 등 교통 안내와 우수민박 추천 전단지가 마을 별로 비치되어 살펴보았어. 지리 해변 인근에 전망 좋은 숙소가 있어 찾아갔는데 인적이 없고 조용해서 전화를 했지. 금방 오겠다는 펜션 주인은 30분을 기다려도 안 나타났어. 되돌아 나와 몇 곳 방문 했는데 보통 10만원에 어둡고 작은 뒷방도 7만원이어서 놀랐어.

4월 5일부터 5월 6일까지 청산도 슬로길 걷기 행사 기간으로 여행객이 많아서인지 가격도 방도 마땅치 않아 천천히 찾아보기로 했어. 마을 바다 청산도 풍경 구경하면서 국화리 진산리 방면으로 갔어.

150

화단   창문 풍경

내륙 농촌마을 같은 진산리에서 민박집 2층 방을 보았어. 주인이 서울 거주하며 성수기에 내려와 운영한다는데 오래 비워둬 썰렁한 분위기였어. 한 바퀴 돌아 당리 서편제 마을 지나 색색의 봄꽃으로 모자이크된 언덕 벚꽃 가로수와 도청 항이 전망대처럼 내려다보이는 '노을바다 펜션' 앞에 정차했어.

1층 카페 앞에 앉아 있는 아저씨에게 혹시나 하며 질문했어.

"펜션 주인이세요?"

"그런디요."

"며칠 머물려고 하는데 혹시 방 있어요?"

"저기 2층에 방 있는디."

"얼마예요?"

"6만 원만 줘요."

2층 '구름 방'에 올라가 보았어.

넓은 방에 화장실 싱크대 냉장고 전자레인지 전기밥솥 빨래 건조대까지 살림을 해도 되겠더라. 올라가는 계단이 협소하여 조금 불편한 것 외에는 만족했어.

서편제 마을 유채꽃밭과 언덕아래 기와마을 너머 소나무 늘어선 도락항 바다 전체가 시야에 들어오는 전망도 1급 호텔보다 좋았어. 캐리어 아이스박스 방에 옮겨놓고 근처 서편제마을까지 걸어갔어. 사물놀이 조형물, 서편제 주막, 봄의 왈츠 세트장까지 갔다가 돌담 마을로 내려왔어.

　　구들장 논, 돌담길, 영화 드라마 촬영 세트장 등 청산도 사진 많이 보고 이야기도 들었지만 당리 서편제 마을에서 제일 인상적인 곳은 '청산진성靑山鎭城'이었어. 청산진성은 슬로길 명칭에도 없는 17개 길 중에 3코스로 '고인돌길' 청산계단 일부로 소개되고 있었지.

도청항　　　　　　　　　　　　　　세트장길

도락항

청산진성

　청산진성은 훼손된 성벽을 복원한 것이라고 해. 여행객이면 누구나 말하는 영화 이야기와 세트장, 유채 꽃길도 예쁘지만 청산진성길이 마음을 끌었어. 별것 아닌 것에도 의미 부여하여 유명해지고 중요한 장소인데도 모르고 지나치는 부분도 있지.

　아침에 나로도 떠나 계획대로 청산도에 들어와 도락항이 내려다보이는 곳에 숙소 정하고 서편제 마을까지 걸었어. 어둠이 내려앉고 사람들 그림자도 사라져 노을바다펜션 구름 방으로 귀가하며 긴 하루가 저물었구나.

청산도의 눈부신 아침

나리야! 어제 밤 일찍 잠들어 05시에 깼어. 전기밥솥에 밥하고 주전자에 구수한 둥글레차 끓였어. 냄비에 무와 묵은 김치 넣고 완도 5일장에서 사온 고등어 조림 했어.

창밖이 밝아와 커튼을 열자 베란다 창으로 꿈같은 풍경이 펼쳐져서 축제의 주인공처럼 마음이 들떴어. 세영도 아직 밥 생각이 없다고 하여 창밖풍경에 끌려 07시 밖으로 나갔지.

슬로 1길 장기미 해안으로 먼저 갔어. 슬로길 11코스와 마을 해안을 느긋하게 돌아보며 청산도 한 달 살기 하고 싶구나. 청산도는 달팽이 로고에 느림을 말하지만 방문객들은 이름난 장소와 영화 촬영지 포토 존에 모여들었다가 흩어져 가지. 누구나 천천히 걸으며 작고 사소한 것들까지 보고 싶은 여유를 소망하지만 현실은 사진을 찍고 정해진 시간에 맞춰 돌아가기 바쁜 것 같아.

명품 1길이라는 청계리 장기미 해안 길로 들어섰어. 진입로가 넓고 차가 다니는 길로 보였는데 갈수록 옹색하고 일방통행으로 거우 움직일 정도였어.

"차 다니는 길이 아니네."

"맞아, 걸어가야 하는 길인 것 같아."

반대편에서 차가 온다면 난감한 상황이었어. 간신히 들어간 장기미 해안은 아담한 공룡알 자갈돌과 바위절벽 바닷가였어. 천천히 걸어 들어가 느긋하게 앉아 한나절 놀다 오기 좋은 장소였지. 다른 자동차가 들어오기 전 서둘러 나와 범 바위로 갔어. 권덕리 보적산 범 바위 아래 공터에 주차하고 올라갔어. 한산한 오전 여자 두 명이 범 바위 앞에서 비닐봉지에서 뭔가 꺼내 산 아래로 자꾸 던지는 거야.

'뭐 하는 거지. 쓰레기 버리는 것 같은데?'

"저기 사진 좀 찍게 잠시 나와 주세요."

두 여자가 주섬주섬 봉지를 챙겨 내려갔어.

"사람 없을 때 쓰레기 버리고 간 것 아닌가?"

"아니야, 무속인 들이야."

"아, 진짜, 그렇구나!"

나리야! 대리석 범의 조형물 '청정 생기 복덕 범 바위' 옆에 적혀 있는 전설이 재미있구나.

'먼 옛날 신선이 범에게 성스러운 땅 청산에 생명을 이어갈 10가지 십장생을 모아 오라는 명을 받았대. 십장생이 되지못한 것을 시샘한 범이 명령을 이행하지 않고 사슴을 잡아먹었대. 신선은 크게 노하여 달빛이 비추기 전에 청산도에서 떠나라고 명령 받았어. 아기 범 때문에 애태우다가 막 산을 넘어가려는 순간 달빛이 비치며 정수리에 섬광을 맞아 바위가 되었대.'

범 바위

소원지 나무

아기 범 바위,

생기 복덕 삼각의자는 천天지地인人을 상징하며 범 바위 주변이 버뮤다 삼각지처럼 자기磁氣가 흐른다고 해. 옆에 움직이는 나침반을 돌리면 자기력이 강한 방향으로 흔들린대. 범 바위 주변은 우리나라에서 자기장과 음이온이 가장 많이 나온다는 설명이었어.

그러나 전설에도 불구하고 범 형상은 확실하지 않았지. 산 위쪽 아기 범 바위도 기어오르는 메뚜기 형상으로 보이는 것은 왜일까? 전망은 좋았어. 바다로 머리를 내밀고 있는 보적산 자락과 외로운 섬 상도, 거북 섬과 읍리 당리 도락항 주변 풍경이 한 눈에 들어왔어. 달팽이 전망대 실내에는 인공나무 한 그루에 소원지만 주렁주렁 매달려 있었어. 탁자 위 메모지에 혹시나 하며 소원 적어 가지에 묶어 두었어.

나리야! 전망대 뒤 샛길로 내려가 읍리 지석묘 고인돌 하마비가 있는 청룡공원 방향으로 걸었어. 도청리 순환버스 승차장 옆에 화려한 잉어 벽화와 시詩가 눈길을 잡았고 서편제 마을 돌아 고인돌 공원으로 갔어. 고인돌 지석묘는 선사, 청동기 시대 역사를 말해 준다고 해.

전형적인 남방계 권력과 경제력이 있는 사람들 무덤이 고인돌이며 하마비는 조선시대 종묘나 대궐 문 앞에 세워둔 비석으로 지나갈 때 말에서 내려 공손하게 걸어가야 했대. 공원 옆 향우동산 앞마당 항아리에 시와 격언을 쓰고 그림을 그려 위에 과일 채소, 자연의 돌을 올려놓은 설치 예술 작품도 함께 전시되어 예쁘구나.

고인돌 공원 주변은 유채꽃무리 돌탑 다랑이 논이 오밀조밀 아름답고 마을 입구 팽나무, 느티나무, 참느릅나무 곰솔 고목이 풍치風致를 더해 주었어.

고인돌   항아리 작품   고목나무

읍리 청룡공원 슬로길 3코스 '봄의 왈츠' 촬영지에서 권덕리 해안으로 이동했어. 방파제와 잔잔한 푸른 바다가 한가로운 마을은 보적산 범 바위 아래 호암동虎巖洞으로 불리다 현재 권덕리가 되었어. 수심이 깊은 해변 갯바위 낚시를 즐기는 사람들이 찾아오며 오징어 갈치 고등어 감성돔 여러 수종의 물고기가 잡힌다고 해.

권덕리에서 나와 '말 탄 바위 400m' 화살 표시 따라 들어가 입구에 주차하고 자연 상태 좁은 돌길이 가파르고 옹색해서 겨우 올라갔어.

보적산 정상 말탄 바위에 오르자 시야가 트이며 바다와 마을 들판 너머 범 바위가 보였어. 범 바위 형체보다 더 애매한 '말 탄' 바위모습에 건너편 산과 바다만 바라보았지. 하산 길은 완만한 산책로가 조성되어 주차해 둔 권덕리 방향으로 내려가 11시 30분 노을바다 숙소로 들어왔어.

아침에 요리해 둔 고등어조림과 김치 김 양파 따뜻한 둥글레차로 꿀 맛 같은 아침 겸 점심식사를 했어. 식사 중 고개만 돌리면 도락항 바다 독살지대 줄지어 선 소나무 풍경이 한 눈에 들어왔어. 완도 5일장에서 구입한 김치도 꿀맛이었지.

청산도의 오후

나리야! 식사 후 쉬다 14시 숙소를 나섰어. 당리 서편제 마을 맞은편 달팽이 카페와 청산 빵 굽네 옆으로 청산 진성에 오르는 돌계단이 있어. 성곽 옆 벽에 청산도 풍경 그림과 사진 노랑 파랑 분홍 깃발들이 인도 네팔의 룽다처럼 펄럭였어. 성곽 위에 오르자 시야가 넓어지고 읍리와 당리 마을 풍경도 달라보였어. 높이와 거리 위치 계절 날씨 시간에 따라 풍경은 다양한 모습으로 변해가지.

청산진성은 1866년 서남해안 방어 군사 요충지였대. 성곽은 '봄의 왈츠' 세트장 뒤까지 이어지는데 도로 때문에 잘렸다가 다시 이어져. 도로변에 효부각과 초분이 보였어. 가매장 무덤 초분草墳은 명절 전후해 초상이 나거나 가장이 고기잡이 나가 돌아오지 않을 때 짚, 풀 등으로 관을 덮어 두었다가 2, 3년 후 정식 장례 치르는 방식이었어. 지극정성 시부모님 섬긴 며느리 행적을 기리는 효부각孝婦閣도 여행객들의 관심에서 멀어진 구시대의 유물이 되어있구나.

효부각

달팽이 카페

서편제 조형물

　나리야! '달팽이 카페와 빵 굽네' 빵 냄새에 이끌려 매장으로 들어갔어. 벽면 진열대에 꽃그림을 그려 작품이 된 검정 고무신과 부채, 그림액자 구경하고 빵 6개 골라 길 건너 서편제 세트장 쪽으로 건너갔어.

　마을 돌담길 초가집 마루에 서편제 영화주인공 오정해의 하얀 저고리와 까만 치마 입은 조형물을 보며 떠오르는 대사는 "이년아, 가슴에 사무치는 한恨이 있어야 소리가 나오는 뱁 이여."

　양 아버지 유봉이 '송화'가 자신을 떠날까봐 판소리에 한을 불어넣는다며 그녀의 눈을 멀게 하는 잔혹하고 슬픈 영화였어. 시력을 잃어가는 양딸을 간호하며 유봉은 죄책감으로 죽기 전 사실을 털어놓고 사죄하지.

서편제는 이청준의 『남도사람』 단편 소설집에 수록된 「새와 나무」, 「선학동 나그네」, 「소리의 빛」, 「다시 태어나는 말」 등 여러 작품에 새로운 내용까지 첨삭 재구성한 이야기라고 해. 한이 있어야 진정한 소리 작품 예술이 나온다는 말이 있지만 트로트 신동과 어린 소리명창들을 보면 한이 있으랴 싶은데 맛깔나게 잘도 부르더라.

텃밭 노란 수선화가 꽃말처럼 고결해 보이는 서편제 초가 세트장에서 유채꽃 흐드러진 돌담길 따라 도락항으로 내려갔어. 해안 솔밭 둑길에 여행객들이 누런 황소가 끄는 수레 타고 가는 모습이 목가적이구나.

도락 항에서 화랑포 방향 연애바위 입구까지 청산도 슬로길 1코스 미항 길이야. 해안 마을에는 어촌 홍보센터, 슬로쉼터, 부녀회 계절장터와 독살지대, 조개공예와 어촌체험장 운영 등 관광객들이 보고 즐길 거리가 많았어.

노을바다 펜션, 우리 숙소 도로아래 기와집촌은 도락리 행복 마을이야. 관광지가 되면서 전망 좋은 곳에 대형 한옥펜션 행복마을이 조성된 것 같아. 벽화가 그려진 골목길과 사진으로 장식된 갤러리길 한옥 펜션들을 구경하며 올라왔어.

사철 푸르고 아름다워, 청산여수靑山麗水

진산리 바다풍경

숙소 앞에 펜션 주인아저씨와 친구 한 분이 벤치에 앉아 계셨어.

"구경 댕기는 것도 힘들지라. 여기 좀 앉으시오."

"휴, 계속 걸어 다녔더니 다리 아프네요. 빵굽네에서 샀는데 빵 드세요."

들고 다니던 빵 봉지를 테이블에 내려놓았어.

"잠깐, 식혜 있는데 가져 오께요."

"방에서 보는 전망도 좋고 주변 전체가 정원 같아요."

"경치도 좋고 겨울에도 따뜻하고 사철 푸르러서 청산여수라고 했다요."

나리야! 청산도 인구가 2천 5백여 명인데 1970년대에는 1만 3천 명이었고 고등어 파시(어시장)로 유명했대.

황소 리어카

일제 때는 여름에 고등어가 무진장 잡혀 도청항 포구에 큰 장이 섰으며 부산과 일본에서 크고 작은 어선들이 몰려들고 고등어가 흔해 거름으로 사용하고 개도 물고 다녔다고 해. 청산도가 완도보다 번화해서 선술집, 숙박시설, 이발소 등 주변상권이 형성되어 외지인들이 들어와 장사하느라 인구가 많아졌지.

그렇게 흔하던 고등어 씨가 마르고 60년대 삼치로 파시의 맥을 이어가다 제주도에서 먼저 싹쓸이 하는 바람에 근해 물고기도 사라졌다는구나. 요즘은 단지 문어잡이, 김 미역 전복양식과 관광지화로 시대에 맞춰 살아간다고 해.

청산도 마을과 해안 탐방

숙소 앞

　나리야! 일찍 잠이 깨 아침 밥 챙겨먹고 07시 숙소를 나섰어. 청
계리 신풍리 마을길과 구들장 논, 다랑이 논, 단풍길, 진산 갯돌 해
변을 천천히 돌아보려고 해.

　청산도에서 가장 높다는 매봉산자락 청계리는 다랑이 논과 마늘
밭, 구들장 논, 유채 밭, 죽은 자의 땅 무덤들까지 평화로운 마을이
었어. 도시는 죽음의 흔적을 재빨리 지워버리지만 마을 초입 전망
좋은 무덤자리는 산자에게도 집 짓고 살고 싶은 좋은 자리 같아.
마을이 보이는 양지바른 언덕은 사후 영혼도 머물고 싶을 거야.

　다랑이 논은 그 옛날 척박한 산간이나 어촌에서 한 뼘의 땅만 있
어도 조상들은 논과 밭으로 만들었지. 넓은 땅이 부족한 섬에서
한줌의 쌀이라도 얻으려 돌을 골라내고 층층이 쌓아 흙을 다져 사
람의 손만으로 농사지을 땅을 일구었어.

다랑이 논과 밭에 자라는 농작물, 마을 풍경은 나그네 눈에 아름답게 보이지만 '자연이 때 묻지 않고 아름다울수록 인간의 삶은 척박하다.'는 말이 떠오르는구나. 구들장 논은 경사진 곳에 돌을 쌓은 뒤 흙을 부어 만든 계단식으로 석조 사각 통수로에서 나온 물이 수로를 통해 단계적으로 아래로 흐르게 하는 구조였어.

'청산도 큰 애기 쌀 서 말도 못 묵고 시집간다.'는 말이 있을 만큼 쌀이 귀한 섬에서 공들여 만든 금쪽같은 땅이지. 구들장 논 조성 방식은 청산도에서만 발견되며 주요농업유산 1호로 보존가치 인정받아 한국 유일 유네스코 농업유산으로 등재되었대.

구들장 논 통수로   정자, 진산리

나리야! 섬이나 농촌 마을은 비슷해 보이지만 다른 특징과 역사가 있어. 신풍리는 청산 슬로푸드공장 체험장과 청산도 최고 지주地主가 거주하며 부흥리는 구들장 논, 숭모사崇慕祠(조선 후기 학자 김류 사당) 양지리는 구들장 논과 배롱나무 산책로, 원동리와 상서마을은 돌담의 원형이 잘 보존된 섬의 내륙으로 농경지 경작이 주업이었지.

부흥리 숭모사는 거문도 동도 귤은 김류와 동일 인물의 사당이었어. 귤은 선생은 여서도에서 서당을 열어 주민들에게 문자와 예절을 1년여 가르쳤는데 청산도 유지 지문여池文汝가 명성을 듣고 청계리로 모셔갔대.

거처를 마련해주고 극진히 예우 대접받은 귤은 선생은 서당을 열어 글을 가르치기 시작했어. 소문을 듣고 찾아온 청산도 젊은이들을 위해 후학을 양성하며 실력 있는 문하생을 각 리에 훈장으로 보내 청산도에 문맹이 없었대. 김류 선생으로 인해 '거문도 청산도 가서 글자랑 마라.'는 말이 생겨났다고 해.

신흥리 해변 솔 숲 회전구간에서 상서리재 넘어 슬로길 7코스, 목섬(새 모가지)으로 갔어. 목섬은 바다로 돌출된 해안에 낚시꾼이 많이 찾으며 자생식물이 우거진 숲길은 슬로길 7코스 끝자락이야. 방파제로 청산도와 연결된 목섬에서 진산리疹山里 노적도 일출전망대로 이동했어.

갯돌해변

단풍길

갈대송림

진산리는 광명의 아침 햇살이 처음 비치는 보배로운 마을로 유채꽃밭과 정자 쉼터가 호젓한 해안이었어. 맑은 날에 거문도가 보인다는 일출명소야.

나리야! 진산리 갯돌해변을 뒤로하고 청산도 상수원 초입 정골 꼬랑 지나는데 와, 눈이 번쩍 뜨이게 하는 단풍길이 나타났어. 봄인데 길 양편으로 빽빽하게 늘어선 가로수 이파리가 가을 단풍 보다 화사하여 놀랐어. 싱그러우면서 고운 단풍가로수 길가에 정차, 잠시 내려서 감상하고 사진도 몇 컷 찍었지.

진산리에서 이어지는 슬로길 9코스 단풍 길에서 10코스 노을길 지리 청송 해변으로 갔어. 청송해변 입구 왼편은 수로와 갈대숲 오른편은 마늘 채소밭이었어. 갈대밭 너며 솔숲사이로 비치는 바다 섬 하늘이 어우러져 한 폭의 그림 같았어.

다가갈수록 양식장이 많아 자연풍경에는 흠이라고나 할까? 물고기가 잡히지 않으니까 양식 하겠지만 바다가 오염된다고 해. 갈대 둑길과 노을 길의 청솔이 늘어선 해변 산책을 마지막으로 청산도 한 바퀴 돌아 숙소로 돌아왔어.

아침 일찍 펜션을 나서 청산도 내륙과 해안 돌아다니다보니 어느새 오후 5시가 지났구나.

서편제 마을의 당집

　나리야! 숙소 계단 입구에 주차하고 들어가 라면이나 끓여 먹을까 하는데 세영이 빵이 먹고 싶다고 했어. 걸어서 청산도 명물 달팽이카페 빵굽네로 갔지.

　입구 문에 구들장 찹쌀 카스텔라, 미역과 쑥 카스텔라 '있을 때 사 가서야 해요. 없을 때 달라고 하면 난감하네.' 재치 있는 광고 문구였어. 어제보다 많은 빵과 물을 구입하고 빵을 뜯어 먹으며 〈봄의 왈츠〉촬영지 쪽으로 건너갔어.

　돌담 길 지나 소나무 숲 가운데 당집 '성황당' 울타리에 청산도 풍경사진들이 걸려 있었지. 당집 기와지붕과 달팽이가 세트처럼 선명한 파란색이었어. 당리지명은 당집이 있어서인 것 같아. 옛날에 정자와 성황당 당산나무는 마을초입에 자리 잡고 신성한 곳으로 여겨져 왔어.

　의문점은 성황당을 안내판에 왜 고분古墳이라 하는 것일까? 당집 안내문을 보면 '신라 828년 장보고 부하였던 한내구韓乃九장군

의 무덤이며 무예가 탁월했고 주민에게 교학教學과 농업을 장려
하여 신망이 두터웠다. 장군 사후 지석묘에 안장 마을 수호신으로
모셔왔는데 1935년 일제 강점기에 불타고 도굴 당했다.'고 되어
있더구나.

훗날에 당집을 보수 한내구장군과 부인 영정을 모셔두고 정월
초 3일 당제를 지낸다고 해. 매년 당제 때 제관은 보름 전부터 각
방 사용, 술, 담배, 부정 타는 언행 삼가, 목욕재계 후 제를 올리는
데 지금은 이장이 그 역할을 수행한대.

당집

달팽이지도

잉어벽화

빵굽네

나리야! 우리나라는 유교, 불교, 기독교, 천주교 이슬람까지 다
양한 종교를 받아들여 자유롭게 믿는데 정작 우리의 토속신앙은

부끄러운 듯 커튼 뒤에 가려두고 있는 것 아닐까? 공식적인 종교, 지위 고하 관계없이 국민 대부분 신년운세, 토정비결, 사주, 명리, 풍수, 택일에서 점성술, 샤머니즘, 토테미즘, 정령신앙까지 관심을 가지고 있다고 생각해.

예전 부모님 할머니들은 새벽에 부뚜막 선반 위에 정한수靜寒水 올리며 특정 신神이 아닌 천지신명께 '자손 가족 건강하고 무탈하게 만수무강하게 해주세요.'라고 두 손 모아 비셨지. 아직도 사찰에 산신당 칠성당이 있고 유명산 계곡에 신 내림을 받은 무당들이 많다고 하며 대구 팔공산 자락에 굿 당이 1400여개나 있다고 하던데 사실일까?

수요가 없으면 성행 하지 않겠지. 무당이 있어 정신과가 안 된다는 말도 있고 연간 시장 규모가 4조원 이라는 분석도 있다고 해. 우리나라 모든 종교위에 고유 무속신앙이 있는게 아닐까? 세상 모든 주장에는 일리가 있을 뿐, 진리는 아니니까 상황과 시대에 따라 변하지만 옛 풍습은 그대로 표시하고 알려야 한다는 생각이야.

고분이 아닌 성황당으로 표기하고 사찰로 오해하지 않게 사당이라고 설명해야 혼란이 없지. 여행자들이 방문하여 착각할 수 있는 한문 명칭 유적 등은 교정해야할 문제라는 생각이 들어. 당리 서편제 마을에 다시 한 번 와 보고 첫 날 사람들 틈에서 안 보였던 부분들이 보였어. 내일은 청산도 떠나는구나.

안녕, 청산도

등대 여객선

　나리야! 아침햇살아래 빛나던 도락항, 천상의 풍경을 뒤로하고 노을바다 펜션에서 07시 체크아웃 했어. 거문도에서 나오는 날 짙은 구름과 강풍에 요동치던 날씨는 투명하고 쾌청하구나. 오늘 금요일인데 주말 청산도는 관광객들로 넘쳐나겠지.

돌탑

바다 뱃길

청산

도청항 08시 30분 출항하는 청산아일랜드 여객선 타기 위해 노을바다 구름방 키를 주인장에게 반납하고 작별 인사했어. 도청항 매표소에서 승선권 예매하고 시간여유가 있어 우측 방파제 등대 쪽으로 갔어. 해안가 돌탑 꼭대기에 동그란 전등이 설치되어 있구나. 돌탑 가로등은 바다와 어울려 풍경의 격조를 높여 주었어.

등대에서 장애물 없이 바라본 바다, 방파제에 가려있던 상도가 온전하게 드러났어. 햇살 눈부신 아침 청산항의 하얀 등대와 빨간 등대 방파제 사이 푸른 벨벳 융단을 깔아 놓은 것처럼 매끈한 바다위로 여객선이 미끄러지듯 들어오고 있었지.

서둘러 돌아가려다 방파제 소파블록 틈으로 빨강 파랑 검정 세가지 색 볼펜이 굴러 떨어졌어. 들떠 있던 마음은 순간 실수에 풍선처럼 바람이 빠졌어. 요긴하게 사용하던 물건이 없어지면 가격에 상관없이 왠지 씁쓸하고 안타까워. 청산도 등대 아래 볼펜을 남겨둔 채 도청항 선착장으로 돌아가 청산아일랜드에 자동차 선적하고 승선, 아쉬움을 남긴 채 여객선은 정시에 떠났어.

'봄의 한가운데 청산여수 안녕!' 그리고 여동생들과 통화하여 오후에 대황강변 인근 산장에서 식사 약속 했어.

완도 미항으로

나리야! 하늘 섬 바다 도청항이 뒷걸음질 치고 여객선은 하얗게 거품 물길을 만들며 달렸어. 배는 멈춰있는데 섬과 바다가 다가왔다가 멀어져가는 느낌과 자유롭게 날고 있는 갈매기를 보며 조나단의『갈매기의 꿈』이 생각나는구나.

'꿈이 없이 살아가는 생명이 있을까? 꿈이 없다면 생명이 아니야.'

영리하게 피하고 은밀하게 숨는 모기 한 마리도 삶의 의지와 생각이 있다고 믿어. "갈매기는 어떤 생각으로 어디를 향해 날아가나? 우리 지구여행 많이 했지?"

"다음에는 지구 말고 다른 태양계 행성으로 가자." 세영이 말했어.

적절한 바람 햇살 온도가 다른 행성으로 훌쩍 떠나도 좋은 날이야. 꾸밈없는 자연 풍경 속에 지루함이란 없고 어느새 완도 항이 보였어. 09시 20분, 승차한 채로 완도 항에 내려 해변 공원길

'해조류 센터' 정원 옆에 정차했어. 완도항 수산물센터 신축건물은 물결을 표현한 곡선디자인이 돋보였어. 광장 타워는 둥글게 위로 올라갈수록 넓어지며 건물 외벽 전체가 유리였어.

수산물센터 타워

십리포 해변

세영이 세차하고 올테니 구경하고 있으라고 했어.

"더럽지도 않은데 무슨 세차?"

"먼지 많아. 세차하고 정리 한번 해야 돼."

갈수록 예전에는 더러운 것이 안보였는데 먼지 머리카락이 잘 보인다는 세영과 반대로 되어가는 나 어떻게 된 걸까? 해안 공원과 주변 전복거리를 구경하다 개포로 지나 장보고대로까지 걸었어. '장보고 수산물 축제' 현수막이 펄럭이고 하나로 마트와 장보고 마트가 마주보고 있었지. 장보고 마트에 들어가 순간접착제와 껌 치약을 구매하는데 전화가 왔어.

"어디야? 세차 끝나가고 있으니 얼른 와."

서둘러 계산 마치고 해조류 센터 앞으로 갔어.

"자아 깨끗하게 세차했으니 타시죠."

장보고대교 신지대교 건너 이름만 많이 들어본 유명한 명사십리 해변으로 갔어. 소나무 병풍 숲과 고운 모래가 4km 정도 펼쳐지는 해수욕장이었지. 모래를 밟으면 울음소리가 난다고 하여 '울모래등'이라는 별칭도 있어. 주변에 신지 명사길, 해안누리길, 갯바위 낚시, 청해진 유적지 보고 즐길 거리가 풍부한 지역이야. 해안 누리 길은 송곡에서 대곡리, 상산에서 명사십리 해변으로 10km 이어진다는데 1km 쯤 걷다가 되돌아왔어.

청산도 가던 날 아쉬움 남긴 채 지나친 가우도 출렁다리 들렀다가 여동생들과 식사 약속이 잡혀 있어서 명사십리 해변을 떠났어.

가우도 출렁다리

　　나리야! 강진 가우도 출렁다리 입구 주차장에는 여행사 버스와
승용차 몇 대 세워져 있고 청자 도자기 접시세트 부엉이 목걸이
팔찌 등 기념품 매장 정도가 보였어. 출렁다리 초입에 페트병, 캔,
세제 통 등 여러 재활용품을 이용한 화려하고 반짝이는 무지개 물
고기 조형물이 인상적이었어. 강진 저두리와 가우도를 잇는 출렁
다리는 두 사람이 나란히 걸을 수 있는 인도교에 난간이 설치되어
있었지.

물고기 조형물

거북

저두리에서 438m 출렁다리 건너 가우나루에 내렸어. 가우도 해안가 산책로에 들어서자 '사랑을 이루어주는 신비한 두꺼비 바위'가 반겨주었고 길 따라가자 시인 영낭 나루 쉼터가 나타났어.

절경을 등지고 나그네를 기다리는 듯 벤치에 앉아있는 '영랑 김윤식 시인' 조각상과 인사 나누고 ≪시문학≫창간호에 실린 「동백잎에 빛나는 마음」 어딘가 한 편에 끝없는 강물이 흐르네. 시詩를 읽어 보았어.

늘어진 나뭇가지 연두 빛 새싹이 싱그러운 봄 바다 풍경에 취해 해안 산책로 따라가면 망호 출렁다리에 도착해. 가우도와 도암면 망호리를 이어주는 716m 두 번째 출렁다리에 오르면 천관산이 성큼 다가와 있지. 망호 선착장에서 잠시 서성거리다 되돌아 나왔어.

가우도 정상 청자타워 가는 갈림길에서 세영 혼자 산으로 올라갔어. 바다 한 복판 흔들리는 출렁다리 위 강풍에 비틀거리며 지치고 다리도 아팠어. 청산도 가기 전 고바우 공원에서 바라보며 아름다운 풍경에 선망하던 곳이었지.

강진만 8개 섬 중 유일하게 주민이 거주하며 가우도 해안 산책로는 주변 무인도와 어우러져 절경이었고 청자타워 정상에서 줄에 달려 바다위로 미끄러지는 '짚 라인' 타는 사람들을 올려다보았어. 가우도 짚 라인과 수상 제트보트는 스피드와 체험을 즐기는 젊은 사람들 대상 친환경 레저 스포츠 시설이었지.

영랑시인

청자타워   출렁다리, 천관산

　우리나라 면적이 좁다 하지만 아직 못 가본 곳 생소한 지명도 많
아. 가우도 섬과 출렁다리도 지나가다 우연히 보고 알게 되었으니
까. 사실 오랜 세월 거주하는 집 주변도 다니는 곳만 익숙하지 뒷
골목에 들어가면 생소하고 낯선 여행지 같은 기분이 들기도 해.

보성 서재필 기념공원

나리야! 출렁다리와 가우도 해안 산책, 천관산 조망한 뒤 탐진 강 1. 2교 건너 장흥 보성으로 들어섰어. 보성 용암 길에 하얀 아치 육교와 도로변 부지에 첨탑과 서울 독립문과 흡사한 구조물이 보였어. 서재필 박사 기념관이었지.

서울 독립문도 서재필 박사 의견으로 파리 개선문 모방해 세웠다고 해. 궁전 부럽지 않은 넓은 부지에 조성되어 잘 관리되고 있는 기념관이었어. 서재필이 조선의 개방을 열망했다는 개화문開化門으로 들어갔어.

기념관 주변은 잔디와 소나무 향나무 동백나무 배롱나무가 좌우 대칭으로 가꾸어져 기품있고 아름다웠어. 왼쪽 선각재 오른쪽 선양관 자강문과 뒤쪽에 송재사와 보성지역 유공자탑, 조각상이 자리 잡고 도로 위 구름다리 건너편에는 주차장과 조각공원이 있더구나.

개화문

송재, 동상

　기념관에서 2km 가내마을 서재필 외갓집은 7세까지 자라던 곳
으로 전쟁 중 소실되어 복원되었대. 서재필은 대한민국 최초 미
국 시민권자, 철도 노동자로 일하며 공부하여 의사가 되었어. 미
국 주류사회에 편입한 송재松齋 서재필徐載弼(필립 제이슨 1864~
1951, 갑신정변의 주역)에 대해 비난하는 사람도 많지만 시대상황
과 처참한 가족사, 파란만장한 생애는 비극적이구나. 그 시대 이
민자들이 주변인으로 머물 때 혈혈단신 공부하여 의사가 된 서재
필에 일말의 측은지심이 느껴진다고 할까?

　기념공원 앞 고인돌길 인근에 휴게소와 주암호반로, 산 벚꽃 군
락과 꽃보다 어여쁘게 돋아나는 온갖 새싹들, 꽃 대궐이 따로 없
구나!

다시 스머프 집으로

나리야! 17시 30분 막내 여동생 현지네 집에 도착했어.

"현지야, 왜 이렇게 말랐어? 중학생 같아. 밥 잘 먹어야지."

"밥 많이 먹고 있어. 희지 언니가 매일 챙겨 먹여서 귀찮아."

사실 현지가 큰일을 당한지 얼마 되지 않았는데 걱정도 되고 순천만 여수 포항 울릉도 다녀 집으로 돌아가면 언제 만날지 기약 없어서 한 번 더 보고 싶었어. 지난겨울 구정 일주일 남기고 아직 한창 나이인 현지 남편의 돌연사로 양가 집안이 충격을 받았지. 친정엄마 기일 하루 전날이었어. 거리도 멀고 시기적으로 애매해 이듬해 봄에 아버지 기일에 만나기로 했었지. 특별한 용건이 없으면 웬만해서 연락 안 하는 희지가 늦은 밤에 전화 했어.

"언니, 큰일 났어, 흑 흑 흑 !"

가슴에서 쿵 소리가 났어.

"왜 그래, 희지야, 무슨 일이야?"

"언니, 민 서방이 죽었어."

"뭐라고, 현지 남편이 갑자기 왜? 심호흡하고 천천히 말해봐."

"현지는 집에서 저녁식사 준비하고 민서방은 퇴근해 비닐하우스 닭장 청소한다며 나갔는데 쓰레기 태우다 쓰러졌나봐. 불길과 연기에 마을 사람이 신고하여 가보니 민 서방이 쓰러져 있었대. 서둘러 병원에 갔는데 의사가 이미 운명했다고 했어."

"이게 무슨 날벼락이야? 희지야, 울지 말고 네가 언니니까 마음 단단히 먹고 현지 잘 챙겨. 바로 내려갈게."

나리야! 엊그제 통화해 봄에 만나기로 했는데 친정엄마 기일 새벽에 제부의 장례식에 가는 이 상황에 할 말을 잃었어. 제부의 비보에 가족은 물론 친척 친구들 모두 침통한 표정으로 말이 없었지. 제부의 노모님에게는 비밀로 했으며 장례 치루고 두 달 뒤 친정아버지 기일이었어.

계획되어있던 여행을 예정대로 시작했지만 항상 현지가 마음에 걸렸어. 다행인 것은 인근에 두 여동생이 사는 거야. 서로 의지가 되고 위로가 되기 바랄뿐이지.

현지의 소울soul 자동차에 함께 타고 희지 집으로 갔어. 짐으로 가득한 우리 차는 마당에 세워두고 예약해둔 섬진강 용궁산장에서 식사 마치고 현지 집으로 돌아와 차담을 나누다 잠들었어.

강아지　　　　　　　　　강변

스머프집 편백나무 황토방에서 잘 자고 이른 아침 마당에 나갔
는데 현지 남편이 생전에 데려온 하얀 아기풍산개 '소풍'이 훌쩍
자라 꼬리를 흔들었어.

장례식 때 식장이 혼잡해 현지네 집으로 갔는데 소풍이가 시무
룩하게 웅크리고 앉아있었지. 챙겨준 밥과 물을 먹고 난 소풍이가
꾸역꾸역 토하는 거야. 구토 물을 치우고 앉으면 또 토했어.

'아니 무슨 일이야. 주인이 쓰러진 것을 알고 저러나. 얘도 잘 못
되면 어쩌지?'

희지에게 전화했는데 너무 많이 먹어 그럴 수도 있으니 그냥 두
라고 했어. 몇 번 더 토하더니 다행히 괜찮아졌어.

그 때 아기 풍산개였던 소풍이가 훌쩍 자라 건강한 모습이 대견
했어. 마당에 잔디 들꽃 소나무 배롱나무도 아침 햇살에 반짝였
어. 소중했던 한 사람이 사라진 날에도 세상은 변함없고 해는 떠
오르지.

순천만과 국가정원 사이

순천만 입구

 나리야! 현지가 끓여준 떡국을 먹고 챙겨준 깻잎과 파김치 가래
떡을 받아 08시 순천만으로 향했어. 한국 최초 람사르 습지인 순
천만에 한 번 다녀온 적 있지만 새로 조성된 국가정원과 모임에서
정채봉 동화를 읽으며 문학관이 있는 순천만에 한 번 더 가보고
싶었어.

 09시 순천 동천강변로 따라 '순천 방문의의 해' 현수막이 걸린
순천만 습지 입구에 도착했어. 입장료 8천원인데 순천 방문의 해
라고 1천원 할인받아 2인 1만 4천원에 습지와 7km 거리 동천변
국가정원 관람료까지 포함되었어.

 매표소에서 안내지도 살펴보고 천문대, 자연 생태관, 짱뚱어 조
형물 분수대 앞 광장을 가로질러 갔어. 람사르 길에서 시작되는
갈대 습지와 갯벌 수로위에 설치된 산책로 따라 용산 전망대까지
다녀오기로 했어.

생태체험 선이 정박하고 있는 대대리 선착장에서 무진교 건너 모새달 길 쉼터에 도착했어. 갈대군락 사이 갯벌 진흙 구멍 속에서 들락날락하는 바쁜 짱뚱어, 농게는 유난히 큰 집게발을 치켜들고 위협했어. 진흙 사이 움푹한 물고랑 따라 낮게 비행하는 순백 왜가리는 아침먹이 사냥 중이겠지.

나리야! 순천만 갈대 습지를 걸으면 누구나 시인이 될 것 같아. 데크 산책로에 송수권의 시詩 갈목비 '서러운 갈대가 쓸쓸한 갈대에 기대어 먼 하늘 바라보는 순천만' 허형만의 '우주의 틈새'가 낭만적이야. 쓸쓸하고 서러운 갈대가 서로 기대 군락을 이루며 환경을 정화하고 수많은 생명을 품어 철새 떼를 불러들였어. 덕분에 사람들은 여유를 즐기며 위로 받고 가는구나.

순천만

수로 체험선

습지 산책로 마지막 화장실 지나 용산 전망대 가는 길 솔바람 다리와 포토 존 지나 전망대에 도착했어. 유명한 S자 곡선 수로와 원형 갈대 군락지 드넓은 순천만 전경 속에 작은 '솔 섬' 하나 외로이 앉아 있구나.

순천만 너머 마을을 둘러싸고 있는 산의 곡선도 색다르구나. S자형 수로와 동그란 갈대군락에 버금가는 매력적인 곡선의 봉긋한 산에 시선이 멈췄어. 나그네 시선을 잡고 사진 속 배경에 존재감을 드러내는 그 산은 다대포구 별량면 첨산尖山이었어.

비슷한 풍경에 희소한 모양이나 색깔은 돋보이기 마련이며 산이나 바위 자연의 무생물도 색다른 형상에 특별한 명칭과 설화가 전해오지. 전망대아래 해룡면 해안 산책로와 솔 섬에 가고 싶고 순천만의 사철 일출과 일몰의 표정 변화가 모두 궁금하구나.

순천만 습지 인근에는 음식점이 없으며 환경 철새보호 위해 이전했고 282개의 전봇대도 모두 제거했대. 전봇대 전선 방파제 축대 건물 등 인공 구조물은 새들에게는 흉기이며 어느 곳에서나 경관을 해치는 불청객이기도 하지.

갈대 첨산

순천 문학관

순천만 갈대습지 탐방 소요시간 80분인데 3시간이 지나가 버렸어. 다음 행선지 순천문학관 입구를 못 찾아 주변을 뱅글뱅글 돌다가 다시 습지 주차장으로 되돌아갔어. 그곳에 '순천 문학관' 도보 7분이라는 이정표가 보였어.

"도보 7분인데 걸어갔다 오면 되겠네."

"피곤한데 쉬고 있을게. 혼자 다녀오면 안 될까?"

"그래, 차에서 간식 챙겨먹으며 쉬고 있어요."

순천만에 가면 꼭 가려던 곳이며 또 못 올수도 있는데 포기 할 수 없었지.

나리야! 햇살 좋은 봄 날, 홀로 유유자적 걷는 것은 내게 최고의 선물이야. 순천 문학관 가는 넓은 뚝 방 길은 으뜸 산책로였어. 화사한 가로 정원에 다양한 수종의 나무, 들꽃, 잔디, 쉼터 벤치 등 조경이 아름답고 사방이 시원하게 툭 트였어.

뚝 방 한쪽은 동천 하구 습지에 수로와 갈대 반대쪽도 늪지와 갈대 버드나무가 자연 상태로 우거졌어. 산책로 군데군데 데크 전망대와 초가정자 들판너머 마을과 산의 능선이 그림 같았어.

'그런데 도보 7분은 뭐지?' 육상 선수가 뛰어도 절대 7분은 불가능한 거리였어.

안내판

데크 초가 정자

문학관 전경

낭트 쉼터

초가 항아리

문학관은 국가정원과 순천만 가운데 벌판에 있었어. 순천만에서 국가정원이 7km이면 중간의 문학관은 3km 아닐까? 국가정원

역에서 SKY cube(무인 궤도차)를 이용해 문학관역으로 이동하거나 걸어서 가야한다는데 문학관 주변에 자동차들이 있었어.

"자동차 들어오는 입구가 있어요?"

"순천만 진입 도로변 논 사이에 길이 있어요."

"표시도 없고 내비게이션에도 안 나오던데요?"

"통행로가 아니라서 모르는 사람이 많아요."

문학관 초입에 낭트정원이 인상적이었어. 2006년 프랑스 낭트 시와 결연 맺고 그랑블로트 공원에 한국의 산천 '순천동산'을 조성하고 순천 문학관에 강과 꽃 초원 등 낭트 풍경을 재현했대. 잔디 정원에 연두색 목재 외벽과 갈색지붕의 창고 형 '낭트 쉼터'가 이국적이었어. 쉼터 앞에 파라솔과 테이블이 있고 카페 안에는 차와 기념품 매점이 있었어. 갈대 비스킷이 신기해 한 통 구매하고 문학관 관람을 시작했어.

김승옥 정채봉 작가의 순천 문학관은 초가 9동이 여유롭게 자리 잡고 있었어. 김승옥 정채봉관은 작가의 문학세계와 생애 관련 자료들이 전시되어 있었지.

김승옥『무진기행』소설 속 '안개 낀 도시'는 순천이며 정채봉은 한국 동화 작가 중에 처음으로 『물에서 나온 새』와 『오세암』이 독일과 프랑스에 번역 소개 되었다고 해. 문학관 탐방 뒤 갈대 비스킷 먹으며 돌아가는데 왕복 2시간 정도 소요되었어. 세영은 한잠 자며 휴식 잘한 것 같아.

순천만 국가정원 박람회

꿈의 다리

　순천만 국가정원으로 이동했는데 사월의 봄날 주말에 순천방문의 해가 겹쳐 인산인해로 동편 서편 주차장 모두 만차였어. 교통경찰들이 동천변 저류지 주차장으로 안내 중이었어. 비포장 저류지에도 차량은 계속 밀려들어 겨우 주차했지.

　국가정원 박람회 행사장은 34만평 부지에 한국정원, 세계 각국 정원, 물의 정원, 숲의 정원, 하늘정원, 철쭉정원, 시민공모 정원 30개, 한방 약초원, 수목원, 꽃 조형물, 갖가지 테마의 조각상, 흑두루미와 사슴 형상 설치미술작품, 야생동물원, 조류 온실, 호수의 플라멩코 등 봐야할 것이 끝이 없었어.

　아치 다리건너 나선형으로 올라가는 호수 가운데 섬의 봉화 언덕, 난봉언덕, 앵무 언덕, 야수의 장미정원, 바위정원 자연의 생물 식물 무생물까지 총 망라하여 꾸며놓았어. 동천강 보트와 유람선들까지 국가정원을 넘어 지구정원이었어.

정원입구 사람들   호수 풍경,

봉화 언덕   플라멩코,

　국가정원 처음 방문객이라면 누구나 '저게 뭐지?'하고 보게 되는
또 하나의 명물은 '꿈의 다리'였어. 강익중 작가의 시어詩語와 한
글 자음 모음 천연색 타일 모자이크로 내 외벽을 장식했어. 꿈의
다리는 박람회장 동쪽과 서쪽을 연결하는 통로이며 현재와 미래
를 이어주는 상징적인 의미도 담겨 있었지.

　나리야! 09시 입장 18시가 지나고 휴대폰에 2만7천보가 넘게 찍
힌 숫자에 놀랐어. 순천만 갈대습지 첫 입장객으로 문학관 국가정
원까지 9시간을 헤맸구나.

　터덜터덜 저류지 주차장으로 가며 '휴, 잔치는 끝났네.' 다리 아
프고 발바닥이 뜨거웠어. 동 순천 방향으로 가다 세영은 주유 세
차하고 나는 휴게실에서 졸고 있었지. 세영은 문학관에 안 가서인
지 괜찮은 것 같아.

쉼표, 백야도

백야도 노을

나리야! 순천 외곽도로 타고 백야도로 건너갔어. 여수 화정면 화백 해안도로변 '섬 그늘 펜션' 2층 방에 거실 주방까지 10만원에 숙소 정했어. 펜션 창가에서 오늘 마지막 선물처럼 주어진 섬과 산이 늘어선 바다너머 서쪽 하늘을 물들이는 낙조에 퐁당 빠져들었지. 백야도 바다에 금빛 꼬리를 드리우고 장흥 천관산으로 지는 일몰은 잡아 두고 싶을 만큼 절경이었어.

섬 바다

아침 바다

06시 일어나 잡곡밥에 참치 김치찌개, 김, 깻잎, 양파로 아침식사 후 둥글레 차 마시고 과립 한방 감기약까지 먹었어.

소지품 챙겨 여수 오동도 가려고 백야도 '섬 그늘 펜션' 체크아웃 했어. 세영은 뭔가 아쉬웠는지 잠시 해안 풍경 보고 가자며 방향을 돌렸어. 잠시 후 아담한 '백야 항' 선착장이 눈에 띄어 무심하게 쏙 들어서자 주차관리원이 바쁘게 수신호 보내며 한려 페리 여객선 입구에 줄을 세웠어. 얼떨결에 이끄는 대로 줄서서 알아보니 09시 5분 금오도 출항하는 여객선 앞이었어.

"금오도 비렁길 가보려고 했는데!"

세영은 백야 항에서 출항하는 배가 있는 줄 몰랐다며 부랴부랴 차량선적과 승선권을 구매했어. 승선하자마자 한려 페리는 바로 출항했어. '번개 불에 콩 구워 먹는다.'는 속담이 생각나는 아침이었지. 한려 페리 여객선은 개도 화산선착장 경유 금오도 함구미 선착장까지 50분이 소요되었어.

엉겁결에 간 금오도

금오도 송고마을 해안도로 지나가다 세영은 '여가 캠핑장' 시설이 있는 대유리 항에 정차하고 텐트 야영이 가능한지 알아보았어. 대유항에 야영장과 개막이 체험, 가두리 낚시, 보트 등 레저시설이 되어있었지.

중도 설레미 캠핑장 불편한 기억이 떠올랐어.

"비 올 것 같은데 야영하려고?"

"아니 그냥 한 번 알아 본 거야. 지붕이 있어 비와도 괜찮을 것 같은데."

"텐트 치느라 귀찮고 펜션 호텔과 비용차이도 많지 않은데 왜 사서 고생해?"

"재미로 하는 거지. 꼭 야영 하려는 것이 아니라 한 번 알아 본 거야."

대유항 선착장과 방파제 길 돌아보고 비렁길 3코스 직포 항으로 떠났어. 비가 부슬부슬 내리기 시작했어. 직포마을 비렁길 3코스 입구 도착했고 빗줄기는 굵어졌어. 승용차 한 대 뿐이었는데 대형 버스 2대에 승용차가 줄줄이 들어왔어.

"비와서 못 갈 것 같은데 웬 버스까지 들어오지?"

"산악회에서 단체로 온 거야."

비가 와도 사람들은 내려서 모두 투명 비옷을 입었어.

"나는 순천만에서 너무 많이 걸어 몸 상태도 안 좋고 다리아파 쉬고 싶어."

"나 혼자 가보고 여의치 않으면 돌아올게."

비옷 사람들

해송 고목

나리야! 세영은 산악회 회원들 뒤 따라 일행처럼 비렁길로 가고 나는 비 내리는 차안에서 오랜만에 책을 펴 들었어. 여행 중 다 읽으려고 했는데 500쪽 가득 빼곡한 글씨에 정독하느라 진도가 잘 안 나갔어. 부록은 나중에 보려고 했는데 부록 3을 먼저 읽기 시작, 부록 1. 2까지 다 읽었어. 1시간 30분이 지나갔어.

작가가 얘기하는 영국의 서점거리 채링크로스 이야기 부분 보면서 아차, 2년 전 영국에 가기 전에 이 책을 읽었다면 가보고 왔을 텐데 하는 아쉬움이 스쳐갔지.

부록 3에 보면 '세상 전체보다 더 큰 길이 있다. 끝없이 펼쳐지는 지식의 세계는 하나하나 작은 동굴이다. 채링 크로스가의 작은 동굴들은 인류의 영원한 저장소이다. 점심 한 끼 먹을 가격으로 아름다운 동굴과 연결된 완전한 세계를 얻을 수 있다. 돈을 저축하여 여유가 있다면 그 곳이 존재할 때 채링크로스로 떠나라.'

런던 여행 중 템스강 주변을 걷고 구경하다 저녁 무렵 투어버스에 앉아 있는데 주룩주룩 비가 내렸어. 활기찬 문화 거리라는 런던 소호와 코벤트가든에 갈 예정이었는데 비도 오고 다리아파 포기했었지. 채링크로스는 코벤트가든 근처인데 이 책을 읽고 런던에 갔다면 어떤 상황에도 가보고 왔을 것 같아.

비가 잦아들어 차에서 내려 직포 마을로 갔어. 특이한 돌담과 해송 군락이 멋스러운 아담한 정자가 있는 소박한 섬마을이었어.

나리야! 수령이 몇 백 년 된 노거수老巨樹 해송은 자유롭게 쭉쭉 뻗은 모습이 흔히 볼 수없는 자태였어. 직포이장 관리 보호수 해송아래 벤치에 앉았어. 텃밭 옆에 쌓여있는 돌 탑 무더기는 옛날 성황당 터 같구나.

세영은 2시간 10분 만에 돌아와 생각보다 별로라며 나에게 안 가기 잘했다고 했어. 낯선 포구 자동차 안에서 조용히 책을 읽고 해안마을 산책하며 잘 쉬었지. 대지에 내리던 단비는 내게 심신心身의 단비였어. 울창한 원시림이 검게 보여 거무섬 또는 금빛 거북을 닮았다는 금오도의 직포항, 삼포항, 동고지 마을, 서고지 마을까지 돌아보았어.

직포항

돌산도 하늘보라 펜션에서 향일암까지

펜션 앞 월호 앞 바다

여수 쪽으로 나가기 위해 백야선착장으로 갔어. 15시 15분 한려 페리에 승선 출항, 여수 돌산도 신기 선착장에 15시 40분 입항했어. 돌산도 선착장에 탑승한 채로 하선 계동 도로변 '하늘보라 펜션'에서 쉬어가기로 했어.

주인장과 면담, 방을 안내받아 차에서 필요한 물품을 꺼내 정리하고 자장면에 가래떡 양파 감자 찐 계란까지 넣어 보글보글 끓여 완도에서 구매한 김치와 현지가 준 깻잎과 파김치로 만찬을 차렸어. 식사 후 펜션 숙소 발코니에서 눈에 들어오는 '월호 방파제'까지 걸었어. 구름이 걷히고 석양의 햇살이 퍼지며 죽도 혈도가 손에 닿을 듯 가까이 보였어.

펜션   펜션 앞 월호 앞 바다

　나리야! 해가 지고 어둑해져 숙소로 들어와 누워 있다가 그대로
잠든 것 같아. 일찍 잠들어서인지 03시에 깼어. 손수건 양말 속옷
빨고 샤워 후 흑미 콩밥에 둥글레차를 끓였어. 아침식사 챙겨 먹
고 정리하여 07시 30분 펜션에서 나와 해돋이 명소 향일암으로 향
했어. 향일암도 오래전 한 번 다녀간 곳이야. 10년이면 강산이 변
한다는 것은 옛말이고 1년도 안 돼 뚝딱 빌딩과 도로가 생겨나지.

　요즘 사찰도 화려한 법당 전각들이 많아져 낯설어. '향일암은 어
떤 모습일까?' 가파른 산길을 올라 좁은 바위틈을 지나 작은 암자
로 가던 기억이 나. 해맑은 아침 금오산아래 주차장에 도착했어.
음식점 건물과 향일암 가는 오르막 골목 양편에 고들빼기, 갓, 총
각김치와 젓갈 점포들이 늘어서 있었어. 인상 좋은 아주머니가 웃
으며 막걸리 잔을 내밀었지.

　"막걸리 맛보고 가세요."

　내가 막걸리를 받아 마시자 세영이 말했어.

　"받아먹으면 사야 되는데."

　"사면되지 뭐."

고들빼기 안주로 막걸리 한 종지 더 마셨지.

"맛있어요. 가게 이름이 뭐예요?"

"돌산 미미 갓 김치여요."

"내려오다 갓김치 살게요."

명함 한 장 받아 넣고 올라갔어.

꼬불꼬불 옹색하던 예전 오솔길은 사라지고 해안 쪽으로 다섯 명은 나란히 걸을 수 있는 널찍한 계단이 조성되어 있더구나. 연등이 매달린 길 양편 원시림 숲과 바윗돌, 여수 바다 풍경에 시선을 뺏기며 올라갔지. 향일암이 가까워지며 입 가리고, 귀 막고, 눈을 가린 의미가 깊지만 장난스러운 표정의 세 동자상이 10m 간격으로 길 가운데 앉아 미소 짖게 했어.

나리야! 지루할 틈도 없이 향일암 등용문에 도착했어. 등용문 중앙에는 두 마리의 용이 황금 여의주를 머리에 이고 나그네를 맞이했어. 일반 사찰 입구에 일주문이 있는데 향일암은 등용문에 용과 여의주 석상이 색다르구나. 매표소 앞마당 지나 거북머리 전망대, 해탈문, 대웅전 뒤쪽에 한 사람이 겨우 통과하는 바위틈새 불이문 지나 관음전, 삼성각, 반야굴을 돌아보았어.

예전과 반대로 해안 쪽에 넓은 탐방로가 조성되어 암자 전각 먼저 관람하고 바위굴이 있는 뒤쪽으로 들어갔어. 금오산 중턱 좁은 부지에 오밀조밀 전각들이 세워지고 크고 작은 돌 거북상이 바위 담장 계단 비석 위에 셀 수 없이 많았어. 향일암은 남해 보리암,

강화 보문사, 낙산 홍련암과 함께 우리나라 4대 관음성지라고 해.

향일암

바위 불이문

거북머리해안

등용문

금오산 지형이 거북이가 바다로 들어가는 모습이어서 원래 금오암이었는데 숙종 때 금불상 봉안 후 '해를 향한 암자' 향일암이 되었대. 해맞이 명소로 12월 31일 밤부터 새해 첫날까지 일출 문화행사가 열린다고 해. 카운트다운 제야의 종, 불꽃잔치, 일출가요제, 사물놀이, 시 낭송, 소원풍선 띄우기, 해상퍼레이드 축제는 시민들과 방문객 참여행사로 진행된다고 해. 내려오는 길 '미미돌산 갓김치' 2kg을 구매하고 거북선 대교 건너 10시 여수엑스포 공영주차장에 도착했어.

여수 해상 케이블카

여수항 장군도

나리야! 여수 엑스포 행사장 쪽 자산공원과 돌산공원을 오가는 해상 케이블카 승강장으로 갔어. 자산공원에서 정원 6명인 크리스탈 캐빈을 둘이만 탑승했는데 유리바닥 아래 바다를 보고 소름이 돋았어. 고개를 들고 여수 시가지와 거북선 대교 돌산대교 바다 어선 풍경에 홀려 사진을 찍다보니 어느새 두려움이 사라졌어.

돌산공원에 가까워지며 케이블카에서 바라본 전경全景 중에 포인트는 숲이 우거진 장군도 섬이었어. 완도항 '주도' 제주의 '난산' 순천만 '첨산' 여수 '장군도' 인위적 구조물보다 색다른 자연 풍경에 꽂히는 것 같아.

방파제 오동도

정자

그러나 장군도는 자연의 섬이 아닌 인공 '수중 석성'이었어. 1497년 수군절도사 이량李良이 돌산도 북쪽 해협으로 침입하는 왜구를 막으려고 성을 쌓았다는 내용의 비석이 발견되었다고 해. 침식방지 위해 섬 둘레에 석축을 쌓은 장군도는 600m 산책로와 섬 정상에 소공원이 꾸며져 있고 종포 선착장과 돌산, 진두 나루터에서 수시로 연락선이 드나든다고 해.

　나리야! 장군도와 빨간 하멜등대는 여수 구항의 상징 같아. 해안 하멜공원은 운동기구와 어린이 놀이시설, 야외무대 공연과 문화행사로 시민과 탐방객이 선호하며 즐겨 찾는 곳이야.

　여수 해상 케이블카는 돌산공원에 도착 '놀아 정류장' 2층 승강장에 내렸어. 1층 공원으로 내려와 돌산대교 준공 탑, 어업인 위령탑, 타임캡슐이 묻혀있는 공원을 한 바퀴 둘러보았어.

　1999년 봉인된 '타임캡슐'은 여수시, 여천시, 여천군 삼여 통합 관련 자료와 그 시대 생활물품 200여점을 100년 후 개봉 예정으로 지하13m에 묻어두었대. 돌산공원 전망이 좋아 관광객과 인근 주민들도 많이 찾으며 웨딩 촬영하는 모습 구경하다 케이블카 왕복 티켓 이용 자산공원으로 돌아갔어.

동백열차와 오동도

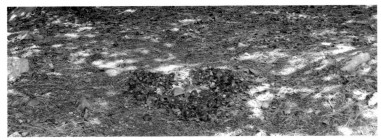
동백하트

나리야! 여수항 엑스포 공원에서 오동도와 연결된 방파제로 갔어. 오동도행 동백열차 정류장에 승객들이 줄서있었어. 방파제의 동백벽화와 어선 바다 구경하며 오동도 향해 걸었어. 중간에 반원 전망대 쉼터가 있어서 벤치에 앉아 물 한 모금 마시고 곶감이나 초코바 먹을까 하는데 여성 두 분이 김밥을 먹으며 말을 건넸어.

"아침에 집에서 싸온 김밥인데 드실레 예."

"괜찮아요. 두 분 드셔야죠."

"김밥이 많아 예."

"어디서, 여행 왔어요?"

"진주에서 왔어 예."

꽤 많이 나눠준 김밥을 맛있게 먹고 답례로 초코바 2개를 주었어.

에너지 충전 하고 방파제 끝자락 오동도 초입 야산 언덕으로 올라갔어.

동백나무가 숲을 이루고 누군가 떨어진 붉은 꽃으로 하트를 만들어 놨더구나. 우리나라 고유 함초롬하고 검붉은 꽃이 피는 동백나무 숲이었지.

오동도는 섬 모양이 오동잎 모양에 옛날 오동나무가 많았대. 동백열차 동백꽃군락 오동도 보다는 동백섬 같아. 동백꽃에 대한 슬픈 전설과 노래 때문인가? 시들지도 않는 꽃송이가 툭툭 떨어져 왠지 슬퍼 보이는 동백꽃을 주워 모자에 담았어.

완만한 산책로 걸어 용난굴 입구에 도착했어. 해안절벽 계단을 내려가야 볼 수 있는 용난굴은 기암괴석 사이 해식 동굴이었어. 여수 연등천과 용굴이 지하로 연결되어 오동도에 사는 용들이 자산공원 등대 아래 샘터로 이동할 때 거품과 물결이 높아지고 괴성이 울렸다고 해. 용난굴 앞 바위 가운데 물이 고여 있어 모자에 주워 담아둔 여섯 송이 동백꽃을 띄워놓고 올라와 분수광장으로 내려갔어

동백꽃 분수광장

광장에는 음악분수대, 박람회 기념관, 걷고 싶은 맨발공원이 조성되어 있고 판옥선모형 뒤 석조 비문에 '호남이 없었다면 나라가 없었을 것이다'라는 문구가 보였어. 임진왜란 때 이순신장군과 전라좌수영 수군 중심으로 보급로 차단하고 왜적을 몰아내 나라를 지켜낼 수 있었다고 해.

나리야! 오동도에서 여수항으로 돌아가는 길에는 동백열차를 탔어. 오동도에서 바라본 자산공원 아래 북항과 엑스포 행사장 빌딩이 늘어선 제2 수산항의 풍경에 취할 틈도 없이 동백열차는 정류장에 도착했어.

동백열차

남해 독일마을 가는 길

엑스포 주차장에서 남해 독일마을로 향하는 길에 여수 문수로 국민은행에 들렀어. 세영이 은행에 다녀오는 동안 노점에서 풋고추 구매하고 맞은편 '좋은 나라마트'로 건너가 사과 오렌지 치즈 찐 계란을 구입했어. 구매물품 정리 후 여수 국가산업단지지대 옆 이순신대교 건너는데 하늘로 치솟은 거대한 굴뚝들에서 매연이 뿜어져 나와 주변을 뒤덮고 있었어.

나리야! 해안가를 점령한 거대 회색지대 제철 화학단지 모습에 두려워졌어. 고층건물 거대 기둥이 늘어선 고가도로 터널을 지날 때는 인간들이 대단하고 무섭다는 생각이 들었어. 지하 지면 공중 3층으로 어딘가에서 쉼 없이 공사 중이지.

여수 광양 해안가 화학 제철 단지는 전남지역을 넘어 우리나라 경제의 중요한 한 축이라지만 어두운 미래와 죽음의 지대처럼 숨이 막혔어. 대학 졸업 후 제철회사 근무 후 계열사에서 일하다 돌연사한 제부가 떠오르고 머리까지 지끈거렸어.

포스코 대로 명당 산업단지에서 섬진강 하구 하동 노량대교 감암터널을 도망치듯 통과한 기분이었어. 죽산 마을 로터리 광장 옆에 색다른 불탑이 시선을 잡고 '남해 유배 문학관' 이 나타났어.

"여기 보고 가요."

"여기서 구경하고 있어. 근처 주유소에서 기름 넣고 세차하고 올게."

남해 유배 문학관의 새로운 관심사에 공단지대에서 침울함이 희석되었어.

나리야! 인간은 참 변덕스러운 망각의 동물이야. 어린 시절 기억이 떠올랐어. 닭 잡는 장면 비명소리에 놀라 기겁하여 외쳤지.

"어떻게 닭을 저렇게 죽여? 나는 닭 절대 안 먹을 거야."

밖에서 놀다 들어가 상 위에 차려진 김이 모락모락 나는 닭곰탕을 보면 배에서 꼬르륵 소리가 나는데 언니가 말했지.

"윤지는 닭 절대 안 먹을 거야. 그렇지?"

시무룩하게 고개를 끄덕이며 밥만 먹다가 언니가 "자, 한 번 먹어 봐 아." 권하면 못이기는 척 먹었어. 한강의 『채식주의자』 주인공처럼 공개적 적극적인 채식은 아니라도 계란 치즈정도 제외하고 되도록 육식을 피하려고 해.

4월의 꽃들과 새싹 돋아나는 잔디정원 지나 문학관 건물 입구에 섰는데 4월 15일의 월요일 휴관이었어. 시무룩하게 돌아서며 시시각각 오락가락하는 '마음이라는 너는 누구인가?' 쓸쓸했어.

나리야! 20대에 '40세 넘으면 무슨 재미로 살까? 이런 세상 계속 살아야 하나?' 60이 되면 세상만사 관조하며 신선처럼 되는 줄 알았지. 개인차가 있고 신선 같은 사람도 있겠지만 대다수는 탐욕 분노 감정 조절이 어려우며 죽기 며칠 전까지도 내려놓지 못하는 동물이 인간이라는 생각이 들어.

문학관 입구 황소 리어카 감옥에 유배지로 이송되는 죄인 조형물과 정원에 서포 김만중 좌상, 소재 이이명 봉천사묘 정비, 후송 유의양 기념비, 초가집 툇마루에 괴나리봇짐을 짊어진 채 초연히 앉아있는 선비, 연못가에 낚시하는 삿갓 쓴 방랑객 등 둘러보았어.

소재 이이명 선생이 장인 서포 김만중을 그리워하며 지었다는 '불타는 고을에 병은 나돌아도 풀과 나무는 자라네. 옥에 티로 남쪽에 귀양 가니 매화가 알았네.'로 시작되는 유명한 매부梅賦라는 시詩는 사위가 장인을 존경하는 사람이 흔치 않은데 매화나무 옮겨 심고 시를 지어 남겼다는구나.

황소 리어카

초가 낚시

파란 코끼리   은모래 비치

나리야! 선박 모형 관광 안내소와 잔디 광장의 정자, 흑두루미 조형물, 줄에 매달린 색색의 연등과 불탑, 남해 유배지문학관 풍경이었어.

문학관 사거리에서 독일마을로 가는 길, 상주 은모래 해변에 정차했어. 튜브를 들고 있는 앙증맞은 파란 아기 코끼리 로고와 우거진 솔숲사이로 바다가 보였어.

고운모래 해변, 작은 바위섬, 잔잔한 바다 너머 유망산 아래 상주 방파제와 선착장 어선들이 한가롭구나. 무더운 여름에는 넓은 해변이 좁아 보일만큼 인파로 채워지겠지. 이제 독일마을로 가서 오늘 쉬어갈 숙소를 찾아야 해.

남해 독일마을

　나리야! 남해대로 타고 사천 방향으로 가다 물건 항구 언덕 위 주황색 지붕 독일마을에 도착했어. 태극기와 독일기가 새겨진 석비 지나 독일명칭의 펜션들, 카페, 레스토랑, 베이커리, 파독 기념관, 원예예술 촌까지 천천히 올라갔다 내려오며 하이디 펜션 주인장과 전화통화 했어.

　하이디와 베토벤 하우스 몇 군데 통화 후 하늘바다 펜션으로 갔어. 통로 양쪽 쌍둥이 펜션 중에 '바다 펜션' 2층에 숙소 정하고 마을 산책에 나섰지. 마을 언덕에서 바라본 물건 항은 청산 도락 항과 닮았구나. 물건항勿巾港 이름이 독특하면 지명유래도 더 궁금해지는데 '말 勿에 수건 巾 으로 수건 쓰지 마라, 또는 물이 맑은 곳'이었어.

　해안에는 방풍림, 방사림에 소나무가 많은데 물건 항은 물고기를 불러들인다는 '방조어부림防潮魚付林'이며 팽나무 느티나무 참나무 후박나무 상록수와 활엽수 다품종 나무 군락이 몽돌 해안 따라 3km까지 이어져 바다 풍경이 돋보였어.

211

물건 항   파독 전시관   남해 바다 풍경

　나리야! 독일마을은 1960년대 독일에 광부와 간호사로 취업 가족 부양과 조국 경제발전에 일조한 교포들이 고국에 정착하도록 남해군에서 70여동 택지조성 분양했대. 택지 분양받은 교포들은 독일 건축자재 들여와 주택을 지어 정착하고 있다고 해.

　입소문과 sns 통해 마을이 알려지며 관광지로 상업화된 느낌이 었어. 소시지체험장, 파독 기념관 등 이색적인 독일마을과 인근 물미해안도로 경관이 아름다워 방문객이 많아지고 있어. 어둠이 내려 하루 밤 숙소 바다펜션으로 들어갔어.

　아침에 일어나 비스킷, 초코바, 과일, 커피를 마시고 08시 30분 체크아웃 했어. 남해 파독 전시관으로 이동, 시계탑 옆 아치형 문으로 입장했어. 입장료 없는 파독 기념관은 국수산자락 언덕위에 자리 잡아 독일마을 전망대 같구나. 마을과 물건 항이 한 눈에 들어왔어. 전시관, 추모공원, 카페, 공방 둘러보고 길 건너 '원예예술촌'으로 갔어.

나리야! 원예 예술촌은 입구 장식이 동화마을 같았어. 전문 원예 예술인 20여명이 스페인 '조각정원' 네덜란드 '풍차정원' 프랑스 '풀꽃정원' 스위스 '채소정원' 등 나라별 이미지와 테마가 있는 정원을 가꾸면서 실제 거주하는 곳이었어.

원예 예술 촌   자유의 여신상

들꽃무리 화단, 동물과 무용수 조형물, 온실, 공연장, 영상실, 공공정원 산책로, 기념품점, 식당 카페는 잘 가꾸어져 아름다웠어. 작가나 화가 등 전문직 사람들이 전원에 터를 잡고 모여 사는 것처럼 원예작가들이 정원을 가꿔 방문객에게 개방, 삶의 수단도 되는 이상적인 마을이구나. 이제 통영 거쳐 섬 여행의 하이라이트 울릉도에 갈 거야.

독일마을에서 통영, 포항까지

원예 예술 촌에서 미국마을 방향으로 나갔어. 미국마을은 독일마을에 비해 도로 안쪽에 자리 잡고 있어. 입구에 자유 여신상과 흰머리 독수리 미국풍 마을과 죽방멸치가 유명한 남해 지족항 창선대교 건너 통영으로 갔어. 평인 해안 노을 길과 충무교 지나 통영연안여객 터미널에 11시 30분 도착했어. 통영 동파랑 벽화마을과 케이블카, 한산도 역시 예전에 가 본 곳이지만 세영이 한 번 더 가보고 싶어 했어.

12시 출항 한산도 제승당 선착장에 12시 20분 입항하는 '파라다이스' 호에 승선했어. 한산도로 향하는 바닷길은 도남항 등대, 문어포 산 정상에 세워진 거북선과 한산대첩 기념비, 바다 암초위에 세워진 거북선 등대와 우거진 숲 자체로 충분히 편안하고 좋았어. 도남항 연필 모양 등대는 공모에서 선정된 독특한 디자인으로 문필가들이 많은 통영 또 하나의 상징이었어.

연필 등대

바다 거북선,

충무사 입구

앞 바다

나리야! 제승당 선착장에서 '최초 수군 통제영' 대첩 문 앞까지
걷는데 편두통에 기운 없어서 입구 벤치에서 쉬겠다고 했어. 제승
당 충무사는 세영 혼자 입장하여 돌아보고 나왔어. 한 시간 간격
으로 왕래하는 여객선으로 통영 항에 돌아와 포항방면으로 이동
창원 진전 마산합포구 남해안대로변 작은 휴게소에 정차했어.

점심 겸 저녁 먹으려고 '한국 산양산삼 양파국시 방' 식당 문을
밀고 들어갔어. 테이블 메뉴에서 강된장 비빔밥과 추어탕 주문했
어. 주인장이 산양산삼 양파 즙이라며 한 컵씩 서비스로 주었어.
빈속에 먹기 꺼려져 옆에 두었다가 식사 후 마셨는데 몸에 좋을
것 같은 쌉쌀한 맛이었지.

세영이 화장실 간 사이 휴게소 앞마당 풀밭에 쑥이 지천이어서 과도와 비닐봉지 찾아 금방 쑥 한 봉지를 캤어. 향긋한 쑥에 된장 감자 양파 넣어 국을 끓여먹으면 맛 있을 거야. 산양산삼 휴게소 에서 양산 경주 톨게이트, 서라벌광장, 부산을 거쳐 20시 30분 포 항여객선터미널에 도착했는데 업무 종료되었어.

포항여객터미널

포항영일

아침 일찍 오기로 하고 두호동 해변 영일 대 해수욕장으로 갔 어. 시가지는 화려한 오색불빛으로 반짝였는데 '포항 국제 불빛 축제' 기간이었어. 포항 희망대로 형산강 체육공원 일대가 축제행 사장이며 해변에 버스 킹 공연 중이었고 요즘 입에 붙은 '폴 킴의 모든 날 모든 곳에'가 울려 퍼져 관객이 되었어.

나리야! 내일 오전에 드디어 울릉도 가는 날이구나. 차량선적이 불가하여 터미널에 주차해두고 캐리어에 필요한 소지품과 아이스박스만 가져가기로 했어. 아이스박스는 며칠 동안 차에 두면 음식이 상할 수도 있고 예약해둔 저동 항 펜션에 며칠 머물며 필요할 테니까. 터미널 인근 리치모텔에 숙소 정하고 소지품도 분리 정리했어. 필요한 물건 모아 캐리어에 넣고 쌀과 누룽지, 라면도 챙겨 넣었지.

울릉도 지도

제4부
동해, 일출!

울릉도 풍경채와 케이블카

저동 항

　07시 30분 리치모텔에서 나왔어. 08시 50분 출항하여 울릉도 저 동 항에 12시 20분 입항예정인 '썬 라이즈' 호 승선권 예매하고 대 기하는데 날씨 상태가 안 좋았어.

　'혹시, 못가는 것 아닐까?' 걱정이었는데 개찰이 시작되고 2층 좌 석번호 31. 32 정시 출항했어. 선박 내에서 화장실 이용과 이동이 가능하지만 외부 출입 불가하며 정해진 좌석에 있어야 했지. 쾌속 선은 비행기 탑승 상태와 유사했어.

　포항에서 울릉도까지 카페리 호는 7~8시간 소요되는데 쾌속선 은 이동시간이 반으로 단축되고 관광 성수기와 비수기 날씨에 따 라 비정기적으로 운항되고 있어.

나리야! 계획하고 예정한대로 한 달 국내 섬 여행 단초端初가 된 울릉도에 가고 있구나. 몇 년 전부터 '울릉도 성인봉과 나리분지에 가보고 싶다.' 마음에 품고 있다가 한 달 섬 여행을 계획하게 되었거든. 꼭 섬만을 고집하지 않고 오가는 길에 생각지 않았던 곳에 가기도 하고 반면 '가 봐야지.'했던 곳에 못 가기도 했지만 이번 여행의 백미白眉는 당연히 울릉도였어.

망망대해 쾌속선이 물길을 가르고 바닷물은 눈꽃가루처럼 솟아올랐다가 스러지기를 반복했어. 책을 읽다가 가끔씩 바다를 보는 사이 울릉도 부속 섬 죽도와 북저바위 촛대바위가 모습을 드러냈어. 거대한 방파제 어선 상가 건물 등 저동 항 첫 인상은 생각보다 번화하고 어수선했어. 여행객들이 쾌속선에서 우산국 땅으로 쏟아져 내리고 우리도 아이스박스와 캐리어 들고 밀려나갔지.

죽도

독도 모형

도동항

나리야! 드디어 울릉도 땅을 밟았어. 저동 항 좌측 계단을 오르자 '풍경 채 펜션' 주인장이 픽업 나와 있었어. 내수전 방향 언덕 위 차량으로 5분정도 거리 펜션 1층 101호에 일단 짐을 풀었어. 내일 전망 좋은 2층 방으로 옮겨주기로 했어.

펜션은 식당과 렌터카 대여사업까지 부부와 아들 가족이 운영했어. 신축건물에 엘리베이터, 원룸, 투 룸, 가족 단체 대형 룸과 냉장고 압력밥솥 커피포트 등 취사도구가 잘 구비되어 있었지.

아이스박스 김치 과일과 반찬은 냉장실에 아이스 팩은 냉동실에 정리 후 케이블카 승강장 도동 약수공원에 가려고 숙소를 나섰는데 한 시간 간격으로 운행하는 버스가 눈앞에서 지나가버렸어. 지나가는 택시 타고 구불구불 경사진 언덕길 위 도동 약수공원에 도착했어. 케이블카 옆에 독도 박물관과 향토 사료관, 아래 정원의 독도 모형이 있고 석비에 '대마도는 본시 우리나라 땅'이라는 비문이 새겨져 있구나.

나리야! 본시 대마도까지 우리 땅이었다면서 독도까지 영토분쟁중인 현실이 안타까웠어. 매표소에서 2인 15,000원 티켓 구입 케이블카에 탑승했어.

날씨가 좋아 주변 산자락 골짜기가 선명하고 케이블카 아래 숲은 공룡이 살 것 같은 원시림이었어. 케이블카 종착지 '망향 봉'에 내렸어. 기념품 판매점, 독도 조형물 지나 108계단 오르면 깊은 골짜기 아래 도동항이 까마득하게 내려다 보였어. 알록달록 건물과 여객선이 장난감 블록 같았지.

도동항여객선터미널 방파제와 산책로, 짙은 쪽빛 바다와 맞닿은 하늘이 그림처럼 펼쳐졌어. 탐방객들은 독도방향 화살표가 있는 바다를 배경으로 기념사진 촬영에 바쁜데 누군가 큰 소리로 말했어.

"울릉도 망향 봉에서 오늘처럼 쾌청한 날은 운수대통 한 것이여."

일행인 한 사람이 들뜬 목소리로 말을 받았지.

"울릉도 와서 독도 보고 가는 것도 쉬운 일 아니제."

나리야! 바람도 없이 맑은 날씨에 감사한 마음이 들었어. 비오거나 바람 불면 케이블카 운행은 중지되겠지. 흐린 날 망향 봉에 올라가도 경치와 감동은 반감 될 거야.

도동항과 저동 항 산책

나리야! 약수공원으로 내려와 독도 박물관 관람 후 울릉제일교회 오솔길 따라 도동항 만남의 광장으로 갔어. 강릉과 묵호에서 들어오는 관광객이 처음 발을 딛는 도동항은 사람이 많아 번화하다는 '도방청'에서 나온 지명이라고 해. 오징어 손질 건조과정 조형물과 호박 막걸리 주점 지나 우측 해안절벽 길로 들어갔어.

바닷가 갯돌에 미역 다시마들이 무성하게 붙어 투명한 물결 따라 춤추고 있구나.

바윗돌에 앉아 낚시하는 사람도 있고 건너편 절벽아래 현대식 울릉여객선 터미널과 다닥다닥 건물이 많아 제법 번화한 도동항은 석양에 빛과 그림자로 나뉘었어.

옹색한 해안산책로 절벽 화산암 바위는 울퉁불퉁 오묘한 여러 색깔이 섞여 뜨거운 마그마가 굳은지 오래되지 않은 것 같은 오돌토돌한 형상이 신비로웠어. 중간에 낙석으로 길이 막혀 도동 선착장으로 돌아왔어.

도동항

저동 항,

촛대바위 하트존

나리야! 도동에서 울릉도 순회 시내버스 타고 저동 항에 내렸어. 숙소에 바로 들어가지 않고 촛대 암, 북저바위가 잘 보일까하여 저동 방파제로 갔어. 바다에 나간 아버지를 기다리던 딸이 돌이 되어버렸다는 촛대바위는 방파제에 가려져 윗부분만 보였어. 방파제 가까이 가면 가려진 촛대바위가 바다 가운데 온전히 드러나기를 기대했는데 실망 했어.

촛대 바위에 붙여 축조한 방파제 때문에 촛대바위는 불구가 된 느낌이었지. 멀리서도 가까이서도 제대로 볼 수 없을 뿐만 아니라 키만큼 높은 방파제 난간 때문에 온전히 보이지 않고 사진에 담을 수도 없어 난감했어.

촛대바위 경관을 훼손하지 않는 다른 방법은 없었는지 안타까운 심정이었지. 방파제 우측 소라계단은 낙석으로 통행이 제한되었어. 어두워지기 시작해 풍경채 숙소로 들어왔어. 전기밥솥 취사 누르고 창원 '양파 국시방' 휴게소에서 뜯은 쑥을 씻어 멸치 감자 양파로 된장국을 끓였어. 세영도 맛있다며 한 그릇 추가 주문했어. 확실히 거문도 말린 쑥 보다 부드럽고 향긋했어.

잠시 누워있다 잠들어 01시에 일어났어. 어제 일과 메모 후 책을 펴들었어. 다 못 읽을 것 같았는데 책도 여행도 끝이 보이는구나. 『마르케스 서재에서』는 책모임 선정 책은 아니지만 기억하고 싶은 내용을 요약발제 할 예정이야. 맘에 드는 책은 정독하고 이해되지 않으면 반복해 읽으며 의견 메모하고 밑줄도 그어.

나리야! 여행도 다녀와서 방치하면 지워지고 책도 적당히 읽고 덮어두면 사라져.

여행은 몸으로 하는 독서이며 독서는 앉아하는 여행이야. 여행은 몸으로 세상 풍경을 바라보며 비우고 채운다면 독서는 앉아서도 타인들의 삶을 연상 이해 공감하고 폭넓게 사고思考하지.

글 속에는 그림이 들어 있고 그림과 사진 속에는 이야기가 들어있으며 클래식 음악선율에서 세상사와 자연의 풍경을 연상한다면 발라드나 대중음악은 가사말 속 단편적 이야기를 떠올리는 것 같아.

건강 시간 적당한 자금이 필요하며 여행 시기, 기간, 일정 루트 짜기, 방문지 정보 검색 요약정리, 떠나기, 사진 촬영과 일과메모, 귀가 후 사진 분류 정리, 글쓰기와 사진 삽입, 퇴고 반복, 책이 출간되기 까지 과정은 단순하지가 않아. 아무리 하찮아 보여도 세상에 쉬운 일은 없는 것 같아. '100명의 평론가보다 삼류 제작자 한 명이 더 낫다.'는 말도 있지. 내일 아니 오늘 독도 가는 날이구나.

독도 가는 날

07시 30분, 풍경채 숙소 아드님이 저동 항 터미널까지 차를 태워주었어.

저동 항에서 08시 30분 출항하여 왕복 네 시간 독도 탐방 하는 유람선 티켓(2인 11만원) 구매하고 기다렸어. 날씨도 좋고 패키지 여행객들은 태극기, 태극 스카프, 머리 띠 등을 단체로 구입 목에 두르며 들떠 있었지.

개찰이 시작되고 승선권 확인 후 빨간 쾌속선에 하얀 글씨로 새겨진 '엘. 도라도EL. DORADO' 호의 라-4와 라-6 창가 쪽 좌석에 앉았어.

나리야! 동해바다 엄청난 푸른 물살을 가르며 쾌속 질주하던 엘 도라도 호 앞에 독도가 나타났어. 대한민국의 영토, 국제 분쟁 속에 국민들의 가슴에 애국심을 일깨워주는 말로만 듣고 사진으로만 보던 '독도'에 직접 가게 되어 꿈만 같았어. 서서히 동도 나루터에 엘도라도호가 접안에 성공해서 승객들이 하선했어. 기상이 나쁘면 접안을 포기하고 주변 순회로 대신하므로 독도에 하선해서 땅을 밟고 볼 수 있는 확률은 40%라고 해.

독도 바위들

탐방객들은 주어진 20여 분 동도 해안에서 사진 찍고 위문품 전
달도 했어. 사진 속 망망대해 외로운 작은 바위섬으로만 바라보던
독도는 생각보다 커다란 두 개의 바위산과 기묘한 형상의 암석들
이 많았어. 싱싱한 은빛 물고기 비늘 같은 동도 앞 신비한 삼각 바
위는 전체가 보석 같았어.

독도 수비대원들이 칼을 갈아 사용하고 암질이 숫돌과 비슷하여 '숫돌바위'라고 했지. 희고 푸른빛이 감도는 보석 같은 삼각 바위에 칼을 갈아 숫돌바위라고 하다니 바위가 아깝구나. 나라면 '보석바위'라고 했을 텐데!

장군바위, 삼형제굴 바위, 부채바위, 코끼리 바위, 닭 바위 등 많은 암석들과 투명한 물, 보석바위 꼭대기에 새들이 느긋하게 앉아 사람들을 내려다보았어. 노래의 가사 말처럼 독도는 자유로운 '새들의 고향' 낙원이었지. 복잡하고 무거운 욕망덩어리 인간이 머물 수 없는 청정 바위섬은 가벼운 날개를 가진 새들의 터전이었구나.

독도 주변 해양자원과 경제적, 미래적 가치는 수 십 조원이라는 통계가 있어. 일본이 끊임 없이 도발하고 분쟁지역화 하는 이유라고 해.

'외로운 섬 독도, 보석바위야! 잘 있어.'

제한시간 초과라며 승선을 재촉했고 쾌속선에 올라 12시 45분 저동 항에 입항했어.

오후부터 내일 오전까지 자동차 하루 렌트하여 울릉도 해안과 나리분지에 가보기로 했어. 숙소 풍경채에 아반떼가 기다리고 있었고 방을 2층으로 옮겨도 된다고 하여 얼른 짐을 챙겨 올라갔어. 1층에서는 마당과 식당만 보였는데 2층은 방에서 바다와 죽도가 보였어. 방을 옮기는 일이 귀찮지만 1층과 2층은 천지차이였고 내게는 천금 같은 '조망 권'이었지.

울릉 해안 일주도로

나리야! 아반떼를 타고 울릉 해안 도로 서면방향으로 향했어. 작년 가을 울릉도 가려고 했는데 뉴스에 울릉도 해안 일주도로 완공이 11월 말이라고 했어. 그래서 봄에 울릉도 포함 한 달 섬 여행을 계획하게 된 거야. 울릉도는 도로 상태가 열악하고 위험한데 순환버스, 관광버스, 법인택시, 개인택시, 트럭 렌터카 등 각종 차들이 가파르고 구불구불한 도로를 곡예하듯 누비고 다녔어. 우산국 투어 버스도 있구나. 렌터카 타고 다니는데 길이 아슬아슬해서 천천히 다니라고 몇 번씩 말했어.

울릉자생식물원

나무

울릉읍 사동 농업기술센터 부근 '울릉자생식물원'에 갔어. 대형 그네와 온실, 정자, 숲 산책로와 화단에 백두산 떡쑥, 섬시호, 삼백초 등 이름표 붙인 식물이 듬성듬성 자라는 식물원 조성 초기 분위기였어. 그네 한 번 타고 식물원 돌아 나와 통구미 몽돌해안 거북바위, 향나무 자생지대를 천천히 이동했어.

　해안 일주로가 개통되었지만 터널과 건물 도로 등 울릉도 곳곳은 공사 중이었어.

　정확히 말하면 터널이 많아 해안 일주도로라는 말이 무색하지. 일주도로가 절벽 난공사로 10년 이상 중단되었다가 55년 만에 개통 되었다는데 화산섬 지질 특성상 지반 침하와 절벽 붕괴 위험이 상존하고 있는 것 같아. 가파르고 옹색한 지대에 아슬아슬하게 축대를 쌓아 지은 건물 주택들이 많았어.

수토 역사관과 황토구미 산책로

나리야! 구암, 바우, 사태감 터널을 통과하며 바라본 울릉도 해안 절벽의 산과 나무 바위는 풍파와 세월에 버텨온 흔적들이 고스란히 드러났어. 산 아래 배 모형 건물은 서면 태하 2길 수토 역사 전시관이었어. 수토역사가 궁금해 들어가 보았어.

조선 중기 안용복과 울산 부산 어부들이 울릉도에서 일본 어부들과 충돌사건을 계기로 안용복이 두 차례 일본에 들어가 울릉도와 자산도(현 독도)가 조선영토임을 분명하게 주장하여 인정받았다고 해. 수토정책捜討政策은 본토 백성들이 부역을 피해 울릉도에 살면서 왜적이 침입하면 내통하여 합세할 수도 있다고 나라에서 의심했어. 조정의 통치력이 닿지 않는 곳에서 일어날 문제를 걱정하여 백성들의 울릉도 거주를 금지하고 관리를 파견 주기적으로 순찰을 하게 되었지.

수토 전시관 벽화

 구한말에는 관리가 제대로 행해지지 않아 일본인들이 울릉도에 침입, 출어와 벌목이 잦아져 수토정책을 폐기하고 울릉도 개척령이 내려졌어. 건물 밖에 관리가 타고 다닌 목선도 전시되어 있었어. 태하는 나리분지 외에 제일 넓은 평지가 있는 곳이야.

 나리야! 수토 전시관 개울 건너 중식당 광장반점 앞에서 머뭇거렸어.

 "우리 자장면 먹고 가요."

 "괜찮을까, 맛없으면 어떻게 해?"

 "아냐, 맛있을 것 같아."

 문을 열고 들어가서 '간 자장면' 2인분 주문하고 기다렸어.

 한 쪽 테이블에는 명이나물이 수북하게 쌓여 있었어.

 "명이나물이 엄청 많네요. 음식점에서 장아찌만 먹어봤는데 어떻게 먹어요?"

 "장아찌도 해 묵고 쌈도 싸 묵고 튀김도 합니더."

 "명이나물과 유사한 화초 식물도 있던데 구별하기 어려워요."

234

"뿌리 쪽을 보면 암니더. 명이는 잎 하나마다 줄기가 있어 예."

그 때 자장면이 나왔는데 의외로 맛있어서 놀랐어. 지금까지 먹어본 자장면 중에 최고의 맛이었어. 한 번 더 먹고 왔어야 했는데 저동 숙소에서 태하 광장반점은 정 반대쪽이라 다시 못 가고 떠나왔지. 두고두고 생각나는 태하 광장반점 자장면은 울릉도 가면 꼭 먹어봐야 돼.

황토굴   산책로

성하신당 벽화   해안 풍경

광장반점을 나와 '황토구미 해안 산책로'에 갔어. '구미'는 굴의 사투리야.

황토굴이어서 황토구미, 골짜기가 깊고 좁은 통 모양이라서 통구미, 알고 보면 재미있는 지명이지. 지형이나 산세, 지역 특산물, 자생하는 나무, 유적지 등에 따라 명칭이 붙여져 있어.

나리야! 황토구미 해안 산책로에 가기위해 깎아지른 절벽 옆에 세워진 지그재그 타워로 갔어. 타워 계단 벽면에 성하신당 그림과 전설, 1882년 울릉도 개척시대 설명, 그림지도를 감상하며 올라갔지. 해안절벽 중턱에 아슬아슬 조성된 산책로에서 바라본 갯돌 해안과 마을, 겹쳐진 산자락의 울룩불룩한 곡선과 바다로 내밀고 나온 대풍감 절벽 이국적인 풍경이 펼쳐졌어.

해안 산책로 타워 아래 포장마차에서 시원한 울릉도 호박식혜 한 컵 마시고 출발, 현포 전망대에 정차했어. 현포마을 포구 방파제와 코끼리바위, 노인 봉, 송곳바위가 하나의 프레임에 매혹적으로 들어오는 전망최고 사진 촬영 명소였어.

현포항과 바위

예림원

노인봉과 송곳봉 아래 분재 식물원 예림원이 있어. 예림원은 국내 최초 문자 조각공원으로 한글과 한문을 목판에 새겨 넣은 작품에 '꽃잎 떨어져 바람인가 했더니 세월이더라.'라는 멋진 글귀와 코끼리바위 배경 포토 존이 시선을 끄는구나.

이장희의 지구천국

나리야! 예림원에서 북면 평리 언덕 위의 울릉천국 아늑한 정원으로 갔어. 협소하고 가파른 울릉도 지형에서 안정감 있는 언덕 위에 가꾸어진 하얀 집이라고나 할까!

단아한 아트센터 앞에 기타 들고 앉아 손을 내미는 이장희와 그 모습을 바라보는 청동 반려견 조각상이 잘 어울렸어. 작은 연못, 야외공연장, 노래비, 정자, 향나무와 야생화, 잔디가 어설프거나 넘치는 부분 없이 조화로운 모습이었어.

57세에 울릉군 주민이 되어 직접 포클레인으로 파고 정성들여 꾸몄다는 예쁜 정원에서 공연을 관람하고 이장희 가수도 만났으면 완벽했을 텐데 한산하고 문도 닫혀있어서 아쉬웠지.

아트센터

야외동산

깃대봉 정자

〈그건 너〉로 유명했던 가수 이장희가 미국에서 돌아와 정착한 곳이야. 울릉 아트센터는 이장희가 부지 제공 경북과 울릉도 자금 지원으로 세워졌고 공연은 5월부터 한다고 해. 에덴동산처럼 격조 있는 푸른 언덕은 울릉도 지형에서 최고 안정감 있고 맘에 드는 곳이었어.

나리야! 이장희의 천국! 인정했어.

천국은 하늘, 지옥은 땅 아래 나뉘어 있지 않아.

수십 억 개의 세상은 우리들 곁에 있어.

천국 지옥은 현실에 뒤섞여 있어.

미처 못보고 굳이 안 보려고 할 뿐이야.

울릉천국에서 내려와 천부 보루산 모퉁이 돌아서자 늘씬한 자태로 나그네를 홀리는 '세 선녀 암'이 나타났어. 보고 또 보고 카메라와 휴대폰에 번갈아 담았어.

관음도 방향 자연 화산암바위 동굴을 지나며 뒤돌아보다 소리쳤어.

"잠깐만! 차 좀 세워 봐요."

"왜, 무슨 일인데 그래?"

"저기 바위 사이로 비치는 '삼선암' 보고 가야 돼."

"아 참 갑자기 그러면 사고나. 얼른 사진 찍고 와."

화산암석 사이로 보이는 삼선암 모습과 갈매기 한 마리가 사진에 담겼어. 자동차 타고 휙 지나치기 아까운 장소였지. 울릉도 독

도 백도 청산도 제주도 수많은 비슷한 명칭의 바위 암석 선돌은
자연이 빚어놓은 조각품이구나.

삼선암   바위들

자연은 계절 날씨에 따라 천변만화의 모습으로 변신하고 감성
을 자극하며 장소마다 다르게 연출되는 일출과 일몰 풍경은 더욱
신비로워. 천부 항 방파제에서 성목의 관음도가 보였어. 저물고
있는 또 하루! 관음도와 나리분지는 내일 오전에 갈 거야. 울릉도
한 바퀴 돌며 탐방하고 와달리 터널과 내수전 터널 통과 풍경채
숙소로 귀가했어.

동해바다 일출과 나리분지

　　나리야! 05시 37분 숙소 창밖으로 울릉도 저동 바다에 붉은 해가 방긋 웃으며 얼굴을 내밀었어. 대한민국에서 제일 먼저 떠오르는 일출을 보기 위해 부랴부랴 외출 준비해서 렌터카 타고 나가 해안도로변에 정차했지. 위치에 따라 시시각각 달라지는 일출 모습을 충분히 떠오를 때까지 바라보았어. '숙소로 들어갈까?' 망설이다 관음도로 향했는데 08시 개방이었어. 해돋이에 홀려 숙소에서 너무 일찍 나왔지.

죽도 일출

바다 일출

삼선암 방향으로 유턴 '나리분지'에 먼저 가보기로 했어. 하늘에 구름이 많아지고 바람과 파도가 심상치 않았어. 천부마을과 홍살문 지나 꼬불꼬불 가파른 오르막길이 이어졌어. 사실정보 확인 없이 막연히 나리분지가 이장희의 울릉천국 정도의 언덕이라고 추측했어. 해발고도 500여 미터나 되는 나리분지 가는 길은 예전 대관령길보다 험난했어.

북면 나리동 입구에서 바라본 나리분지는 절벽 같은 험준한 산이 병풍처럼 둥글게 감싸고 지면은 일부러 반듯하게 다져놓은 모습이었어. 명이나물 밭에 듬성듬성 서 있는 나뭇가지에 돌 주머니들이 매달려 있었어. 나뭇가지 균형을 잡아주는 용도로 추측하며 원형분지 중앙 진입로 따라 들어갔어.

도로 양쪽은 대부분 밭이며 너와집, 전통 투막 집과 억새 투막집, 천부마을, 산채 판매장, 식당, 청소년 야영장 시설이 있는데 춥고 아침이어서 사람 그림자도 안 보였어. 알봉 둘레길 입구 주차장에 차를 세우고 내렸지.

언덕위에 나리분지가 있고 한 시간정도 올라가면 성인봉에 갈수 있다고 생각했던 착각에 실소하며 알봉 분화구라도 다녀올까 하는데 날씨가 너무 추웠어.

나리야! 알봉 분화구까지 한 시간 반 정도 소요된다고 표시되어 있으면 우리는 서너 시간 걸리겠지. 4월 말 아침 나리분지가 이렇게 추운지도 몰랐어. 가시처럼 파고드는 추위에 견딜 수가 없었어. 해안 저지대와 10도 이상 온도 차이에 외륜산 둘레 절벽에 희끗희끗 눈이 쌓여있고 냉기가 솔솔 나와 냉동고 같았어. 겨울패딩, 모자, 장갑이 필요한 추위에 자동차로 피신했어.

세영이 알봉 다녀온다고 갔는데 들어갈수록 춥다며 안내 표지판 앞에서 유턴하여 돌아왔어. 1900년대 초반 전라도 어부가 목선을 제조할 나무를 구하러 산에 들어갔다가 알처럼 생긴 돔 형태 봉우리 발견한 후 '알 봉'으로 전해지며 섬말나리가 많아 나리분지라는 명칭이 붙여졌다고 해. 섬말나리 뿌리는 먹을 것이 없던 옛날 나리분지 주민들의 구황작물이었고 한약재로 사용된대.

나리분지에 처음 들어섰을 때 '옹색한 도동 저동에 다닥다닥 모여 사는데 넓고 반듯한 나리분지에 주민이 많이 모여 살면 무릉도원 아닐까?' 생각했어.

하지만 예전에 아흔세 가구 500여명이 정착해 살다가 전통 투막집 몇 채만 보존되고 열여섯 가구만 남아 있어. 울릉도가 12월부터 4월까지 폭설이 강원도보다 많은 내리는 국내 최고 다설 지역이라는 것도 처음 알았어. 높은 지대와 물 부족 추위에 사람들이 떠났을 거야.

나리분지 　　　　　　　　　돌주머니 나무

너와집 　　　　　　　　　　　천부마을

　　나리야! '설악산 대청봉, 지리산 천왕봉처럼 대부분 봉우리는 산
에 속해있는데 성인봉을 품은 산의 명칭은 뭘까?' 성인봉이라는
말만 들었지 산 이름은 들어본 기억이 없었거든. 알아본 결과 울
창한 산줄기를 뜻하는 울릉과 우산국于山國이라는 옛 지명처럼
울릉도 전체가 하나의 산이었어. 울릉산 성인봉이라고 해야겠지.

　　비탈길에 가파르고 평지가 귀한 울릉도는 큰 산 하나가 바다 가운데 있는 거야. 성인봉 984m 인데 나무의 뿌리처럼 바다 아래 잠겨 드러나지 않는 지형까지 포함하면 3천 미터가 넘는다고 하더구나.

성인봉과 외륜산에 내리는 빗물과 쌓인 눈은 녹아 나리분지로 흘러들지만 지반이 조면암과 현무암이어서 지하로 모두 스며들어 사라진다고 해. 스며든 물은 나리분지 지하 계곡을 흐르다 추산으로 내려가는 길목 바위틈에서 솟구쳐 올라온 용출수는 해안으로 낙하하지. 낙하하는 물은 전력발전에 활용되며 봉래폭포 상류 산 위 벽면에서 솟아나오는 물은 수원지로 관리되어 주민들의 생명수가 되어 주고 있어.

한강 발원지 태백 '검룡소' 바위 돌 사이에서 콸콸 솟아오른 물이 강을 이루며 흐르던 생각이 나는구나. 검룡소 위로 올라가면 금대봉 중턱에 작은 '제당궁샘' 이 한강 원류라고도 하더구나.

아침 일출모습에 이끌려나와 흐린 하늘에 바람 불고 추웠지만 나리분지는 신비로운 곳이었어. 가파르고 옹색한 해안과 언덕으로 이루어진 울릉도 해발 500미터 산상에 무릉도원 같은 나리분지는 신선이나 선녀들의 놀이동산이 아니었을까?

인간 삶터로 척박하지만 선계 신선들의 놀이터로 손색이 없으니 나리분지는 고이고이 비워 둬야할 것 같아.

새들의 보금자리 관음도

　나리야! 성인봉과 알봉에 접근도 못하고 뱅글뱅글 되돌아 내려가 섬 목, 관음도 매표소에 도착했어. 섬 목은 울릉도 섬 지형의 목 부분에 해당하여 붙여진 지명이야.

　관음도 입장권 구매하여 엘리베이터로 7층까지 올라가 해안절벽 위 산책로에 올라서자 한편의 자연 다큐가 펼쳐졌지.

　데크 산책로 난간과 탐방로 안내판 위, 독수리 머리 닮은 바위에 느긋하게 앉아 있는 괭이갈매들은 사람들이 오가는 것에는 관심도 없다는 듯 의젓했어. 절벽아래 출렁이는 푸르고 투명한 물결은 방사상 주상절리 바위에 쉼 없이 밀려가 눈처럼 하얗게 부서졌어. 뒤에 오는 파도가 앞서가는 파도에게 물었어.

　"어디가? 같이 가자."

　"몰라, 나도 가 봐야 알아."

　앞서가던 파도가 흔적 없이 사라졌어.

　"같이 가, 어디로 사라진 거야?"

　앞서간 파도는 말이 없었어.

연도교

바위, 비둘기

죽도

　나리야! 관음도 주상절리와 절벽 사이 두 개의 신비한 해식 동굴은 먼 옛날 해적들 은신처였고 천장에서 떨어지는 물은 장수하는 약수로 알려져 있대.

　보행 연도교 건너 관음도 가파른 계단을 올라갔어. 우거진 곰솔 군락과 동백나무, 야생화바위 틈새로 바쁘게 먹이를 물고 들락거리는 갈매기, 관음도 역시 새들의 보금자리였어. 숲 사이 산책로 따라 1. 2. 3 전망대 돌며 우측 죽도, 좌측 삼선암, 산등성이 안용복 기념관을 조망한 뒤 울릉도 섬 목으로 돌아왔어.

　관음도와 죽도 저동을 가우도 출렁다리처럼 보행 연도교로 이어진다면 꿈의 산책로가 되지 않을까? 관음도 탐방 다음 행선지 봉래폭포로 이동했어.

주민들의 식수원 봉래폭포

봉래폭포

천연 에어컨 풍혈

나리야! 우산중학교, 저동 공공도서관 계곡 길을 올라가 봉래폭 포 휴게소 주차장에 도착했어. 언덕 위 휴게소 주차장 매표소 공 간이 협소했어. 호박식혜, 호박 막걸리, 산나물 전 등 토속 음식을 판매하는 휴게소 마당 구석지에 겨우 주차하고 앞서가는 사람 따 라 올라갔지.

폭포 가는 길가 바위틈에서 찬바람이 나온다는 풍혈이 보였어. 풍혈 입구 유리문에 '천연에어컨' 이라는 문구가 적혀있어. 연중 4 도의 서늘한 바람이 나와 주민들이 냉장고로 이용하고 무더위를 식히는 장소였대. 외륜산에서 나리분지 아래로 스며든 물이 용출 수로 솟아나와 봉래폭포에 흘러내려 수원지가 되고 외륜산 속 차 가운 공기가 바위틈에서 새어나오는 것 같아

15분 소요된다고 적혀있는데 길은 좁아지고 가파른 오르막길이 시작되었어. 이미 15분 지나갔지. 왁자지껄 앞질러가는 단체 여행객들에게 밀려나 앉아 있었어.

"나는 더 이상 못 가겠어. 이 많은 사람은 다 어디서 몰려오는 거야?"

"오늘 바람이 불어 독도 가는 배가 못 갔다요."

지나가면서 누군가 말했어.

아침에 파도가 심상치 않았는데 기상악화로 여객선 출항이 취소되었구나.

"가서 사진 찍어 올게. 여기서 쉬고 있어."

"휴게소에 내려가 쉬고 있을게."

세영은 폭포로 올라가고 나는 내려왔는데 휴게소는 포화상태였어. 승용차도 주차하기 마땅치 않은 비탈진 길가에 대형버스들이 세워져있었지. 차들이 뒤로 굴러 내려갈 것처럼 아슬아슬하고 휴게소도 바글바글 쉴 곳이 없었어. 진입로는 외길이어서 세영과 통화했어.

"주차장이 복잡해 쉴 곳도 없어요. 구경하며 천천히 내려가고 있을게."

"그래, 작은 삼단 폭포인데 볼 것도 없어. 복잡하고 안 오기 잘했어."

혼자 봉래폭포 진입로 저동천변 따라 걸어 내려갔어. 단순하게 바라보면 울릉도 봉래폭포가 왜소하지만 섬의 산 중턱 돌 틈에서 용출수가 솟아나 사철 마르지 않고 흐르는 것이 신기하지.

봉래폭포 발원지 용출수 나오는 장면이 보고 싶어지는구나. 궁금하고 하고 싶은 것은 많지만 주제파악과 포기도 잘하지. 시간에 쫓기는 상황을 싫어하며 '유유자적 할 수 있는 만큼 한다.' 가 삶의 철학이야.

나리야! '오래 보아야 예쁘다. 여유를 갖고 자세히 보아야 예쁘다.' 나태주의 시처럼 스토리가 있어야 의미 있고 알고 보아야 신기하지. 지금 내 발길에 차이는 하찮아 보이는 돌멩이라도 그곳에 있기까지 사연을 안다면 누가 함부로 밟고 찰 수 있을까?

세영이 렌터카를 끌고 내려와 저동 항 인근 주유소로 갔어. 세영은 갈매기 똥이 묻은 렌터카 세차와 주유를 하고 나는 근처 마트에서 버섯 두부 계란을 구입한 뒤 옆 제과점에서 빵도 샀어. 숙소에 들어와 열두 시 렌터카 반납하는데 두 시간 초과 추가요금 계산하고 룸으로 들어갔어.

새벽에 일출 보러 나가 오후 두 시에 숙소에 들어왔어. 흑미와 서리태 잡곡밥에 두부 느타리버섯 감자 양파를 넣어 끓인 된장찌개와 김으로 점심 겸 저녁을 먹었어. 한 시간 정도 잠이 들었다가 목이 말라 일어났어. 둥글레 차 한 컵 마시고 오렌지와 사과 빵을 후식으로 먹고 렌트카 반납했으니 걸어 나갔지. 저동 4길 내수전 주변과 바닷가 두 시간 산책하고 들어왔어. 내일은 울릉도 떠나는 날이야.

울릉도 마지막 비경, 행남 해안 산책로

해안 산책로

　나리야! 펜션에서 05시 37분 어김없이 떠오르는 울릉도 일출은 바가지로 떠 올려 보고 싶은 반쯤 물에 잠긴 붉은 해님이었어. 캐리어와 아이스박스 챙겨 내려와 주인장과 인사 나누고 아들이 저동여객 터미널에 태워다 주었어.

　14시 출항하는 승선권 예매 후 시간 여유가 있어서 캐리어 아이스박스 터미널 기념품 판매점에 보관 부탁했어. 울릉도 특산품매장, 싱싱한 수산물 노점, 그물망 손질하는 어민들, 오징어 집어등이 주렁주렁 매달린 저동 내항을 지나 방파제 촛대바위 우측 해안 쪽으로 넘어갔어.

어제 저녁 무렵 바위에 가려 잘 안보였는데 절벽아래 화산암 바위 위에 데크 산책로와 멋진 풍경이 마술처럼 펼쳐졌어. 행남 해안 산책로의 숨겨진 비경을 하마터면 못 보고 갈 뻔 했어. 진한 쪽빛 바닷가 용암 화산석과 절벽에는 식물들이 붙어 자라고 있었어. 국가지질공원 행남 해안 산책로는 화산암석 위로 설치된 산책로와 아치형 무지개다리 끝의 절벽 계단을 올라가 도동까지 이어지며 기암괴석과 천연동굴이 절경이라고 해.

기념품 노점

저동 항

저동선착장으로 돌아와 여객선터미널 뒤 정자나무가 멋진 만남의 장소 '관해정'으로 올라갔어. 수령 오백년 된 후박나무 다섯 그루가 어우러져 시원한 쉼터를 만들고 단체 여행객들이 모여 있었어.

여객선 출항 시간이 다가와 울릉도 여행 마침표를 찍어야 할 시간이구나. 아쉬움으로 남은 성인봉과 알봉을 뒤로하고 맡겨둔 캐리어 찾아 개찰구 앞에 줄서서 티켓 확인하고 승선했어. 포항으로 가는 동안 『마르케스 서재에서』를 다 읽기로 했어.

뒷부분 부록을 먼저 보아서인지 한 시간 만에 다 읽었어. 여행도 막바지 책도 다 읽어서 후련했어. 자신을 전문 독서인이라 소개하며 세계 유명한 작가들의 명저를 인용하고 의견을 피력하는 대만 작가 '탕누어'의 많은 책들을 읽지 않았다면 쓸 수 없는 주옥같은 내용들이었어.

제5부

돌아오는 길

포항에서 대구로

나리야! 포항 여객 터미널을 향해 쉼 없이 달려간 여객선 썬 라이즈호는 17시 40분 입항했어. 우리와 함께 육지에서 섬으로 무거운 짐을 싣고 고생하던 자동차는 포항 주차장에서 먼지를 뽀얗게 뒤집어 쓴 채 4일 동안 푹 쉬고 있었지.

주차비용을 지불하고 포항 아호로 방향으로 가다 세차장에서 자동차는 시원하게 샤워하고 또 다시 우리의 발이 되어 '달전 터널' 통과 영천 별빛 휴게소에 정차했어.

울릉도에서 나오며 섬 여행은 마치고 커피 타임 후 대구 동화사로 향했어. 남은 일정은 팔공산 동화사 시작으로 3대 사찰 순례와 강원도 설악산 백담계곡 길과 속초 아바이 마을, 청초호반이 남아있구나. 대학입시 때 언론에 많이 나오는 팔공산 갓 바위로 유명한 동화사에는 세영이 가보고 싶어 했어.

"뜬금없이 동화사에는 왜 가려고 해?"

"자기가 축서사에 가보고 싶어 하니까 지나는 길에 잠깐 보고 가려는 거야."

나리야! 인도와 네팔 한 달 여행 중에 카트만두 타멜 여행자거리 한국음식점 '대장금'에서 스님을 만났지. 식사 후 차를 마시며 대화중에 축서사와 무여스님 이야기를 들었어. 귀국하면 찾아 가봐야지 하다 섬 여행 마치고 가는 길에 들러보기로 했고 인근 유명한 부석사도 '한 번은 가봐야지.' 하던 사찰이야.

'종교가 뭐예요?'

누가 질문한다면 불교 쪽에 기대고 있지만 완전한 신자라고 할 수는 없어. 예전 대부분 농촌 주민들처럼 할머니는 뒤 안 사당에 유교관습에 따라 제를 지내며 절기마다 '천지신명' 우물 부엌 당산나무 조상님을 받드는 무속신앙에 가까웠던 것 같아.

부모님은 가끔 사찰에 다녔고 외할머니 삼촌 이모들은 독실한 천주교인이었는데 나는 어려서 마을 교회에서 찬송가를 따라 부르던 기억도 있어.

스스로 불교 성향으로 인식하며 심란할 때 텅 빈 사찰 법당에 고요히 앉아 있으면 위로가 되었어. 고즈넉한 사찰 풍경을 좋아하지만 스님들 모습 태도에 대한 거부감도 있는 것 같아.

법당의 단아한 분위기가 좋은데 요즘은 사찰에 가면 전각들이 공간을 잠식해서 답답하다는 느낌과 함께 저리 많은 건축물이 필요한지 의문이야. 경전의 좋은 가르침은 배우지만 법회와 초하루 보름 등 정기 프로그램에 참여하지는 않아.

가고 싶을 때, 한가한 시간에 방문하며 불전함에 마음가는대로 시주금을 넣고 가족의 안녕과 세상의 평화도 덤으로 염원해봐. 그리고 세상의 모든 신을 존중해.

나리야! 해가 지며 가로등 없는 지방도로는 드문드문 불빛이 반짝일 뿐 깜깜하구나. 내비게이션이 일러주는 팔공산 동화사 방향으로 갔어. 동화 삼거리 '팔공지구' 먹거리 촌과 무인 모텔 광고 불빛이 보였어. 하룻밤 쉴 장소를 찾는데 다 무인모텔이었어. 무인모텔은 한 번도 안 가봐서 내키지 않지만 저녁이 되면 급 피로감에 이동하는 것도 힘들어.

"그냥 한 번 가보자. 잡아먹기야 하겠어."

"울릉도에서 대구까지 오느라 지쳤어. 빨리 어디든지 들어가 쉬고 싶어."

무인모텔은 주차장과 건물 입구가 따로 없고 가운데 통로 양 편으로 자동차 한 대 주차할 수 있는 셔터만 쭉 늘어서 있었어. 카드 넣고 모텔비 지불이 확인되자 셔터가 올라갔어. 셔터 안에는 겨우 자동차 문을 열 수 있는 공간 옆에 위로 올라가는 좁은 계단이 있었어.

"잠시 차에 있어. 올라가 보고 올게."

잠시 후 올라갔던 세영이 내려와 셔터 문을 내리고 말했어.

"간단하게 세면도구만 꺼내 올라가 하룻밤 자고 가자."

계단 위에 바로 현관문이 있고 방과 화장실 필요한 것은 다 구비되어 있었어.

팔공산 동화사

나리야! 어제 23시 넘어 입실했는데 05시 30분 일어났어. 상자 같은 무인모텔이 낯설고 답답해 06시 방을 비웠어. 동틀 무렵 밖으로 나왔는데 다 같은 룸이 아니고 셔터 문에 특실, 펜션 형태 무인 텔 문구가 보였어. '아차, 펜션 형 룸에 들어갔어야 하는데' 밤이라 안보여 다 똑같은 방인줄 알았지.

동화사 입구 팔공지구는 유원지 위락지구로 식당과 모텔이 즐비하고, 캠핑장, 자동차극장, 케이블카, 가을에는 산중 장터 승시가 열린다고 해. 승시는 동화사에서 각종 먹거리와 장류 건어물 기념품 판매와 대북 시연회, 전통 씨름, 남사당패 공연 등 다양한 프로그램으로 진행하는 가을 축제행사라고 해.

야생동물 생태터널인 팔공선문八公禪門을 지나 동화사로 갔어. 이른 시간 방문이어서인지 입장료 없이 들어갔어. 석탑과 고목나무 사찰 뒤 팔공산의 능선이 아침 햇살에 선명하게 드러나고 돌담에 소원지 매단 유리 방울등이 바람에 흔들려 음악소리처럼 들렸어. 설법전 봉서루 대웅전 성보 박물관 앞마당에 세계 최대 통일 대불과 사찰음식 체험관, 템플스테이관 등 사찰 규모가 크고 전각들이 많았어.

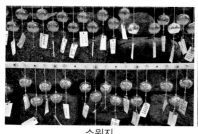
소원지

동화사

　나리야! 사찰에 가면 공사 중인 곳이 많아. 현재도 여러 전각이 많은 동화사 역시 진입로 계단 바닥 벽 천장, 건물 전체를 화강암으로 공사 중인데 전통사찰 구조는 아니었어. 돌로 축조된 앙코르와트 유적처럼 천년만년 남겨질 불사를 하고 있는 것일까?

　대규모 불사는 개인적으로 회의적이야. 견고한 돌의 성 앙코르와트도 버려져 폐허가 되어 식물이 점령하고 있었지. 인간이 만물의 영장이라고 하지만 길가의 잡초보다 허약하다고 느낄 때가 있어.

　갖가지 편의시설을 짓고 바벨탑처럼 고층건물을 쌓아올리지만 고대 건축물보다 수명은 짧고 지구는 병들어 가고 있어. 산과 들 시멘트 바위절벽 틈새에서도 홀로 싹을 틔우고 꽃을 피우는 식물들에 경이로움을 느낄 때가 많아.

　인간은 추위나 더위에 하루 밤만 선채로 밤을 지새워도 쓰러질 나약한 존재로 다른 생명들의 희생 위에 살아가고 있어. 꺼지지 않는 원자력 발전소의 불처럼 대책 없는 자본주의 성장 추구 브레이크는 누가 멈추게 할까?

경내 기념품과 식품 판매점이 문을 열었어. 물 한 병 구입하고 구경하다 세영이 매점 직원에게 물었어.

"예전 방송에 나온 금괴가 있다는 곳이 어디인가요?"

"네, 금괴 묻힌 곳이요? 대웅전 뒤라고 하던데 잘 모릅니다."

"확인 하지 않았어요?"

"문화재청 반대로 보류된 것으로 알고 있습니다."

좀 뜬금없는 질문에 살짝 당황스러웠지.

"아니, 뭘 그런 걸 물어보고 그래요. 그 것 때문에 동화사 가보고 싶다 한 거야?"

"그냥 생각나서 물어 본거야. 10년 전쯤 탈북자 김 씨가 방송에서 자기 양아버지가 동화사 뒤뜰에 금괴 45kg인가? 묻어 두었다고 해서 한참 이슈가 되었거든."

"참 그런 걸 지금까지 기억해요?"

하긴 세영은 오래전 일을 시시콜콜 기억해서 놀랍기도 해.

나리야! 팔공산 자락에 굿 당 1400여개가 있다는 말이 사실인지 궁금하고 관봉에 올라가서 갓바위 좌불 석상도 보고 싶지만 불가능하지. 천년 만에 개방한다는 가야산 마애불입상 뉴스에 끌려 찾아가 친견하고 무릎이 아파 겨우 내려온 뒤로 등산은 포기했어. 동화사 탐방 마치고 축서사로 출발했어.

하늘호수 스님의 축서사

축서사

　나리야! 구미 안동 영주 거쳐 봉화 축서사는 강원도와 충청도 경계지역이었어. 그동안 경상도의 봉하와 봉화가 동일지역으로 잘 못 알고 있었지. 축서사에 가까워질수록 산이 깊어지며 꼬불꼬불 산골마을과 과수원 배나무에 이화梨花가 흐드러지고 진달래와 들꽃 만발한 오르막길이 이어졌어. 상업시설 하나 없는 해발 800m 문수산 중턱 축서사 주차장 아래로 겹겹 산자락들이 그림처럼 펼쳐졌어.

　동화사에서 09시 쯤 출발했는데 11시 30분에 도착했어. 아담하고 소박한 가람을 예상했는데 규모가 크고 템플스테이 우수사찰이었어. 축서사는 지혜를 뜻하는 독수리 축鷲에 깃들 서棲를 쓴다고 해. '독수리가 깃들어 사는 사찰'로 문수산 지형이 독수리 형상이라고 해.

나리야! 경내 산책한 뒤 오랜만에 텅 빈 법당에 앉아 지난날을 돌아보며 명상에 잠겨보았어. 새벽에 일어나 과일과 초코바만 먹어서 출출했는데 마침 점심 공양시간이었어. 정갈한 사찰 공양간에는 흑미밥 김치 깍두기 감자조림 호박무침, 시래기 감자 국에 잡채 과일까지 뷔페식이었어. 잔치 집에 가서 손님 대접받은 기분이었고 축서사 아래 마을로 이사 오고 싶은 마음까지 들었어. 공양간 앞뜰 너른 돌에 앉아 쉬다가 종무소에 갔어. 네팔에서 천호스님과 만난 이야기와 무여 스님과 차담을 나눌 수 있을지 문의했는데 출타중이며 저녁에 오신다고 했어.

"오늘밤 축서사에서 템플스테이 해요. 저녁때 스님도 만나고!"

"안 되지. 부석사에 가야 하는데."

"부석사 내일 가면 되지."

"템플스테이는 부부가 같이 하면 안 되는 거야."

"누가 그래요. 부부는 안 된다고?"

"아무튼 안 돼. 저녁까지 여기서 뭐 해?"

나리야! 느긋하게 하루 밤 템플스테이하며 사찰 뒤 문수산 오솔길과 논두렁도 걸어보고 스님과 차담시간도 가졌으면 했지만 세영 의견도 일리가 있어 양보했어. 축서사는 네팔 천호스님과 맛있는 점심공양이 기억으로 남을 것 같아.

부석사 무량수전

부석사

    풍기방면 부석사 가는 길도 벗 꽃, 복숭아꽃, 사과 꽃 등 봄꽃들로 산천과 들판이 화사하구나. 태백산맥 봉황산자락 부석사 초입 주차장 주변은 상업화 된 관광지였어. 개인적으로 상업시설이 없는 호젓한 축서사가 좋아.

    부석사는 무량수전, 배흘림기둥, 부석을 자연스럽게 떠올릴 만큼 교과서에서부터 한국 7대 사찰, 유네스코 지정 세계문화유산 등 언론 방송에서도 가끔 보고 듣지만 실제 방문은 처음이야.

의상대사와 선묘 낭자의 신비한 부석에 대한 창건 설화도 있지. 일부러 부석사만 찾아가지는 못하더라도 지나가는 길인데 탐방해야지. 가장 아름답다는 국보 18호 무량수전無量壽殿은 국내 목조 건축기술의 정수이며 중요 문화재 고려목판, 원융국사비, 소조여래좌상, 당간지주 석등 외에 많은 문화재가 있는 보물창고라고 해.

대부분 사찰이 탑이나 법당 신축 보수 기왓장 불사로 어수선한데 부석사는 공사 중인 곳이 없어서 좋았어. 편안한 부석사 무량수전 옆에 설화 속 선묘가 돌이 되었다는 부석을 보았어.

부석사

'선묘낭자는 의상을 사모해 청혼했지만 그의 불법에 감화 마음을 접고 영원히 제자가 되어 불사 성취에 도움이 되겠다는 원을 세웠어. 의상이 떠날 때 정성들여 지은 법복과 다기를 전하려고 자리를 뜬 사이 나룻배가 떠나 버려 선묘는 배를 향해 보따리를 던졌어. 애달픈 선묘는 바다에 몸을 던져 용이 되어 공부를 마치고 돌아갈 때까지 의상을 보호했대. 의상이 화엄사상을 전파할 수 있는 봉황산에 이르렀는데 도적무리 수백 명이 방해했어. 그 때 선묘가 바위로 변해 굉음을 내며 위협하자 도적들은 혼비백산 도망쳐 의상이 무사히 사찰 창건하여 부석사라고 했대.'

나리야! 의상 대사는 당나라에서 화엄사상 공부하고 돌아와 전국 명산에 많은 사찰을 지었고 용문사 은행나무도 의상대사가 꽂아놓은 지팡이가 자라났다는 전설이 있지. 무량수전 동편 선묘각에 설화 속 낭자의 영정이 봉안되어 있으며 가뭄에 기우제를 올리는 장소라고 해.

파릇파릇 연두빛 새싹이 피어나는 은행나무길 걸어 부석사를 떠나며 노점 할머니에게 얇게 저며 말린 사과 두 봉지 구입하고 주차장으로 갔어. 새벽부터 3사 순례 뚝딱 마치고 영주 영부로 '콩세계 과학관' 옆 산길로 접어들었어.

나리야! 마지막 행선지 강원도가 남아있구나. 지난해 가을 세영이 친구 따라 내설악 봉정암에 다녀왔었지. 봉정 암까지는 힘들고 영시 암까지 백담사 계곡과 산책로가 좋다며 같이 가보자고 했어.

"그렇게 좋으면 가 봐야지."

하지만 진짜 가고 싶은 곳은 속초 청초호반, 앤 커피 스토리, 아바이 마을이었어. 사찰 암자들은 비슷하고 독실한 불자가 아닌 대부분 방문자는 자연풍경 숲 계곡이 있어 찾아가겠지.

예정대로라면 강원도로 달려가야 하는데 이심전심 지친 기분이었어. 파티가 끝나갈 무렵 찾아오는 피로감이라고 할까. 집으로 돌아가 쉬고 싶은 이면에 일상 복귀에 대한 거부감이 교차하는 지점 충북과 경북의 경계 마구령馬驅嶺이었어.

계곡 　　　　　　마구령 석비 　　　　　　들꽃

영주 영부로 백두대간 '마구령' 넘어 충북 단양으로 넘어갔어. 마포천이 흐르는 충청도 단양에서 강원도 영월 싸리골 '김삿갓 휴게소' 에 정차했어.

나리야! 커피 한잔씩 마시며 내가 말했어.

"우리 일단 집에 가자. 집에 가서 정리하고 쉬었다 나중에 강원도 가면 되지."

"그러자. 나도 그럴까? 하고 있었는데."

치악산 휴게소 거쳐 동서울 톨게이트 통과하며 숨 막히는 느낌에 심호흡을 했어. 공기 냄새와 뿌연 하늘빛이 달라보였어. 섬 여행 33일 차 21시 30분, 집에 들어선 소감은 '물건이 너무 많아.' 였어. 챙겨간 물건과 옷가지도 한 달 동안 캐리어에 그대로 있는 것들이 많았으니까. 야영 하겠다고 준비한 텐트 침낭 돗자리는 설레미 캠핑장에서 단 한 번 사용했지. 50%는 안 가져가도 무방한 물건을 끌고 다녔어.

마무리 여행 속초, 내설악 무금천

나리야! 일상으로 돌아가 여독이 풀릴 즈음 마지막 행선지 강원도에 못가 아직 여행이 끝나지 않은 기분이라며 세영이 중얼거렸어.

집에 온지 20일 만에 1박 2일 예정으로 마무리 여행에 나섰지.

05시 40분 현관을 나서 강원도 쪽으로 가는 길은 터널의 연속이었어. 군자 동산 북방 화촌 터널을 통과했어. '하늘내린 인제군'에 들어서 십이 선녀마을과 용대 문화마을 지나 세 시간 만에 백담사 주차장에 도착했어.

해발 430m 산상의 백담사 길은 낭떠러지가 많아 일반차량은 진입 금지이며 30분 간격으로 왕래하는 셔틀버스를 이용해야 돼. 주차 후 챙겨간 빵 계란 과일 커피로 아침식사 대신하고 09시 15분발 버스에 승차했어.

아찔한 높이 절벽 맑은 물이 흐르는 계곡의 숲 사이 오르막 길 20분 만에 백담사 정류장에 도착했어. 마음 닦는 다리 '수심교修心橋' 백담사 계곡은 돌탑 전시장이었어. 무금천 맑은 물은 가운데로 졸졸 흐르고 바윗돌과 세월에 부대낀 몽돌이 넓은 강바닥에 가득했어.

나리야! 셀 수 없이 많은 작은 돌탑이 이채로웠어. 수많은 사람들이 소원을 담아 정성들여 쌓아올렸을 돌탑들은 비가 많이 내려도 무사할까? 흔적 없이 무너질까 걱정되었지. 수심교 건너 내설악 대표사찰 백담사 금강문 앞에서 황금 극락보전 현판 중앙에 아담한 오층석탑이 단아한 자태로 시선을 끌었어. 위태로운 산길을 꼬불꼬불 울릉도 나리분지만큼 올라왔는데 강처럼 넓은 계곡에 규모가 큰 사찰 백담사는 산 위라는 느낌이 전혀 없었어.

백담사

경내 법당들은 어느 사찰이나 비슷하지만 너와지붕 백담다원이 이색적이었어.

다기와 불교용품 전시 판매장 안에 차 한 잔의 여유를 즐길 수 있는 경내 명당자리였지. 푸른 하늘과 초록빛 산을 배경으로 목조지붕 곡선과 백담다원 농암실聾庵室 현판이 멋지게 어울려 반할 정도였어.

'농암, 바위처럼 벙어리가 되라.'

나리야! 기억하고 싶은 것을 다 쓰면 끝이 없을 테니 이만 넘어갈게. 백담사 마당의 만해 한용운 상반신 조각상의 비장한 표정이 말하고 싶은 것은 무엇일까? '아아, 님은 갔지마는 나는 님을 보내지 아니하였습니다.' 유명한 「님의 침묵」은 누구나 저절로 생각 날 거야. 백담사는 20세기 초 만해가 삭발 입산수도 깨달음을 얻은 곳으로 십현담주해十玄談 註解, 불교유신론佛敎 有神論 님의 침묵을 집필했으며 만해기념관, 만해교육관도 있더구나.

여전히 강대국 틈에서 민족끼리 불화 갈등은 계속되고 있지만 한용운이 살았던 암울한 시대 한일합방의 치욕과 일제 강점기에 자결하고 독립운동 했던 사람들이 제대로 평가 대접 받기를 바랄 뿐이지.

2차 대전 끔찍한 동족전쟁이 끝난 뒤에 태어난 것만 해도 우리는 행복한 세대이지만 평화시에도 평범한 일상 속에 전쟁보다 더한 지옥 같은 상황은 존재하며 현재 진행 중이라고 생각해. 처음 여행기 쓸 때 스스로 기억하고 싶은 마음에 유적지 역사 이야기를 많이 썼어.

이번 여행 에세이는 고증考證을 최소화 하려고 노력했어. 백담사경내를 돌아보며 궁금한 것들이 많았어. 모든 것은 날마다 새롭지만 역설적으로 세상에 새로울 것이 없지. 여행을 하면 감동할 일과 의문점 호기심이 많아지고 끝이 없음을 느끼며 매 순간이 끝일 수도 있음도 알게 돼.

영원한 은둔의 길, 영시암

　영시암 가는 길 바위에도 군데군데 누군가의 염원을 담아 오묘하게 쌓아놓은 돌탑과 달빛 고요한 밤이면 천상의 선녀가 내려올 것 같은 옥빛 계곡을 따라 걸었어.

　우거진 나무사이 데크와 돌바닥 산책로였지만 먼지 풀풀 날리는 좁은 오르막도 흙길도 있어서 만만치 않았어.

　"뭐, 이게 가볍게 산책하는 좋은 길이야?"

　"얼마나 더 좋아? 이 정도면 좋은 길 아닌가?"

　"신발과 바지가 흙 먼지투성이 되었어."

　"나중에 털면 돼."

　"아직 멀었어요?"

　"조금만 더 가면 보일거야."

　나리야! 완만한 산책로는 괜찮은데 먼지 나는 오르막길에 숨이 차면서 땀나고 힘들어졌어. 산허리를 돌아서자 영시암永矢庵이 보였어.

　'조선시대 후기 김창흡은 기사환국에 부친사사 되고 홀로된 모친 사망 후 설악산 백운정사에 은거하다 화재로 전소 뒤에 깊은 산에 들어가며 영원히 세상에 나가지 않겠다.' 명칭에 슬픈 이야기가 전해지는 영시암에 도착했어. 영시암 인근 오세암에도 5세 아이의 슬픈 설화가 있지. 정채봉이 동화로 풀어쓴 『오세암』은 만화영화로도 제작되었어.

| 돌길 | 영시암 | 모란 |

영시암 화단에 동백 닮은 진홍색 모란이 인상적이었어. 가우도 해변 벤치에 앉은 영랑의 '모란이 피기가지는' 시가 떠오르는 영시암 툇마루에서 땀을 식혔어.

왔던 길로 한참 되돌아 나가 백담사 앞 무금천 바위에 걸터앉아 바지와 신발 먼지를 털어내고 버스 승차장으로 향했어. 왕복 네 시간이 소요되었어.

백담사에서 주차장까지 7.5km 내리막길은 낭떠러지의 아찔함과 청정계곡 비경 사이에서 심호흡을 했어. 주차장에 도착 점심식사 할까 하다가 바로 속초로 향했어.

밥 먹고 나면 분명히 졸음이 쏟아지고 속초에 빨리 못갈 것 같았거든.

속초 청초호반 호수공원

나리야! 인제 양양 국내에서 제일 긴 터널을 지나 속초로 이동했어. 세 시간 30분 소요되던 인제 양양 거리가 이 터널로 한 시간 30분으로 단축되었대. 인간의 기술력에 놀라면서도 땅굴로 가는 길에 매력은 없어. 빠른 이동의 장점에도 여행자라면 공기 좋은 날 풍경을 보며 가고 싶어.

터널로 이동은 심리적으로 지루하고 답답해. 어둠속에서는 버스, 기차, 비행기 감각에 별 차이가 없어. 시간 많이 걸리는 옛길도 유유자적 드라이브 코스로 예쁘게 유지되기 바라는 마음이야. 터널을 빠져나가자 낮은 산 뒤로 뾰족한 바위봉우리가 하나 보이다가 바위군단이 나타났어. 속초시 진입 전 외설악 울산바위였어. 국내에서 가장 멋지다는 울산바위는 사방이 절벽이며 중간에 흔들바위가 유명해.

백담사에서 30여 분만에 속초 중앙로 '갯배 생선구이' 음식점 찾아갔는데 금일휴업이었어. 한 바퀴 돌아 망설이다 중앙동 '독도 생선구이' 식당으로 들어가 모둠 생선구이 2인분을 주문했어. 오래된 느낌의 생선과 반찬에 떨떠름했지만 배고파서 적당히 먹고 나와 '앤 커피 스토리Anne's COFFEE STORY'에 갔어.

나리야! 『빨강머리 앤』은 1980년대 TV에서 만화영화로 재미있게 보았던 기억과 동화 공부하며 단행본으로 읽었어. 주근깨소녀 앤이 역경과 고난을 이겨내며 세상으로부터 인정받고 사랑받기 위해 애쓰는 성장드라마였고 그 시대 캔디, 말괄량이 삐삐와 함께 인기를 끌었어.

속초 청초호와 아바이 마을 정보 검색 중 엑스포 공원과 앤 카페 이미지 관심을 갖게 되어 찾아갔어. 앤 카페에서 케이크 두 조각과 카페라테를 주문, 점심식사 후 더부룩해진 속을 가라앉혔어. 카페는 동화 속 주인공 빨강머리 앤 캐릭터로 건물 내부와 외부를 꾸며놓았어. 실내 소품도 앤 캐릭터 쿠션, 접시, 도자기 컵 , 인형, 찻잔받침, 열쇠고리로 채워졌어.

울산바위 앤 카페, 청초정자

커피를 마시고 2층 구경 가는데 세영은 혼자 다녀오라고 했어. 2층으로 오르는 계단 벽면에도 어린이들 그림과 빨강머리 앤 작가 '루시 모드 몽고메리' 소개와 만화 속 장면들이 장식되어 있었어. 높은 천장 2층 홀 중앙에 20명 정도 앉을 수 있는 테이블과 의자는 체험활동 공간이었어.

1층에 내려왔는데 세영은 소파에 기대어 자고 있었어. 앤 캐릭터가 새겨진 원목 컵 받침과 열쇠고리 몇 개 구입하고 세영을 깨워 앤 갤러리 카페를 나왔어.

"차에서 한잠 잘게. 호수 공원 주변 구경하고 있어."

나리야! 홀로 산책하는 즐거운 시간이야. 하늘 산 호수 나무 꽃들과 곤충 자연 속에는 볼 것들이 무궁무진하여 시간을 잊게 되거든. 카페 길 맞은편에 시원하게 넓은 청초호수변은 공원과 치유의 숲 정원이었어.

청용과 황용 조형물이 노을빛에 물들고 호수 안으로 뻗은 데크 전망대 끝에 청초정자가 운치를 더하며 설악산까지 보였어. 호수 북쪽에 금강대교와 속초항 크루즈 터미널이 남쪽에는 엑스포 타워와 시가지가 자연석호潟湖 5km 주변에 펼쳐졌어.

청초호 북쪽 3km 거리에 낚시터로 이름난 영랑호와 강릉 경포호가 있는데 역시 자연석호라고 해. 속초 강릉 해안지역 하천과 바다가 만나는 지대에 토사와 자갈이 쌓이며 바다와 분리되어 자연석호가 형성되었다고 해. 수심이 깊지 않으며 세월이 지나면 습지나 육지로 바뀔 수도 있대.

나리야! 청초 호수공원 입구에 석봉 도자기 미술관도 있더구나. 장식용 그림접시와 천불동 계곡을 표현한 화려한 도자기 벽화, 꽃 그림 도자 소품, 산수화 등 도예가 석봉의 신비로운 작품세계를 만나볼 수 있는 곳이야.

바다 같은 청초호는 철새들의 보금자리이며 명품 수변 산책로는 속초 주변 둘레길 5구간으로 여행객과 주민들의 휴식과 치유 공간이야. 인근에 온천 골프장 속초해수욕장 딸기마을 실향민촌 아바이 마을도 있구나.

불빛이 피어나는 저녁 무렵 세영의 전화 받고 앤 카페 주차장으로 갔어. 아바이 마을로 이동하는데 청초교각 아래 속초항 크루즈 터미널 조명이 불빛기둥을 만들고 거리는 한산했어.

'평일 저녁은 원래 이런 모습인가?' 크루즈터미널 주변과 아바이 마을은 뿌연 가로등 불빛아래 텅 비어 있고 '아바이 마을, 이봅세, 날래 오기오!' 함경도 사투리 문구가 인상적이었어.

함경도 실향민 정착촌 아바이 마을은 교량橋梁이 연결되기 전에는 수로 건너 속초항으로 가는 유일한 교통수단이 갯배였어. 두 가닥으로 연결된 철선 중 하나에 갯배 한척을 묶어놓고 앞으로 끌어당기는 방법이었대.

시대가 바뀌고 교량이 연결되어 육지나 다름없지만 요즘은 갯배체험과 아바이 순대, 오징어순대 등 전통 음식을 먹는 재미로 여행객이 찾는다고 해. 아바이 마을에서 청초천 액스포 1교 넘어 타워 불빛 반짝이는 유원지 공원으로 이동했어.

청초호반 엑스포공원과 전망대

청초호

나리야! 아바이 마을에서 무지개처럼 색깔이 바뀌는 불빛 탑은 속초 엑스포 타워였어. 낮에 단조로운 탑은 밤에 화려한 불빛으로 시선을 끌었지.

엑스포로 옆 주차장에 차를 세우고 철새 길로 걸었어. 청초호 둘레 야경과 유원지 조형물 감상하며 누리공원 엑스포타워 전망대 가까이 갔어. 타워에 다가갈수록 나선형 상승구조라는 전망대 중간의 볼록한 모습은 애벌레가 기어오르는 것 같았어.

엑스포 타워,

공원

"탑 위로 애벌레가 기어오르는 것 같아."

세영이 피식 웃었지만 '애벌레가 타워 꼭대기에서 허물을 벗고 화려한 나비가 되어 날아오르는 상승구조를 표현한 것 아닐까?' 새벽에 나와서 밤 여덟 시가 지났다고 세영이 말했어.

"특별하게 더 볼 것도 없는 것 같은데 그냥 집으로 갈까?"

"피곤한데 밤에 어떻게 가?"

"차에서 한 잠 자고 일어나 멀쩡해졌어. 자기는 의자 뒤로 젖히고 자."

그래, 짐 챙겨 숙소 찾아 들어가는 것도 귀찮은 기분이었어.

"알았어. 난 모르겠어."

나리야! 비몽사몽 제정신이 아니었는데 23시, 어느새 우리 집 지하주차장이었어. 무박 2일 같은 마무리 여행이 숙제를 마치듯 막을 내렸어.

마무리 여행 그 후 - 담양 죽녹원에서 만난 귀여운 성인봉

나리야! 섬 여행을 마치고 얼마 후 지방 친지 결혼식에 참석한 뒤 바로 집으로 올라가기 섭섭해 죽녹원 대숲과 메타세쿼이아 길 탐방하러 담양으로 갔어. 말은 많이 들었지만 처음 가는 죽녹원 이었지.

죽녹원에 도착하여 관방천변 세계대나무박람회가 개최되었던 봉황문 뒤에 주차하고 강둑 쪽으로 걸어 나왔어. 영산강 상류 관방천 너머 계단 위에 죽녹원 입구 태극문양 청살문이 보였어.

계단을 올라가 티켓 구매 봉황루 전망대가 마주보이는 문으로 들어갔어. 우측에 물레방아와 카페 뒤로 곧게 뻗은 초록 대나무 숲이 감싸고 있었지. 운수대통 길부터 사랑이 변치 않는 길, 추억의 샛길, 철학자의 길, 사색의길, 선비의길, 죽마고우길, 성인산 오름길까지 여덟 개의 테마 산책 길목에 면앙정 식영정 청죽헌 추월정 한옥카페 광풍각 송강정 한옥 체험장 불이정 죽림폭포 죽향정 한옥쉼터 지나 성인산으로 이어졌어.

성인산 언덕을 오르는데 하늘과 대나무 이파리 사이로 봉긋한 동산위에 사람들 실루엣이 비치고'성인봉'이라고 쐬어진 팻말이 보였어.

'와, 어떻게 이런 귀여운 성인봉 있어?'

나리야! 이름만 같은 성인봉 이지만 깜짝 선물 받은 기분이었지. 몇 년 전부터 '울릉도 성인봉에 가 보고 싶다.' 가슴에 품고 있다가 국내 한 달 섬 여행을 계획한 이유가 되었지. 그러나 현지에 가서 본 울릉도 성인봉은 신기루처럼 잡히지 않았어. 아쉬움을 남긴 채 떠나와서인지 담양 죽녹원의 성인산 성인봉 대한민국에서 가장 짧은 초미니 둘레길 '세 바퀴 돌면 소원이 이루어진다.'는 문구와 5분이면 세 바퀴 돌 수 있다는 것이 재미있고 유쾌했어.

세 바퀴 돌며 소원도 빌고 성인봉 정상에서 일몰 풍경과 읍내 방향의 무등산, 우측 삼인산 병풍산, 좌측 남산 메타세쿼이아 랜드, 북쪽 노령산맥 자락은 전라북도와 경계로 추월산 금성산까지 조망할 수 있는 명소였어.

성인봉

죽녹원

관방천

봉황문,

　나리야! 그런데 방문객마다 나지막한 성인봉에 올라가서 흙이 드러나 있는 '봉우리'가 닳아 사라지면 어쩌나, 걱정되었어. 울타리 설치하여 보호하고 파릇하게 풀이 자라났으면 좋겠어. 성인봉에서 하산하며 미디어아트 거장 이이남 아트센터 작품과 채상장 무형문화재 전시관 관람하고 나가는데 일몰 직전 햇살에 관방천변 나무 그림자가 강물에 거울처럼 비추고 있었어.

　뛰어 갔어. 웬만하면 안 뛰는 내가 숨차게 달려 내려갔어. 관방천 둑에 늘어선 200년 이상 고목이 붉은 노을에 거울처럼 강물에 비치고 있었지. 일몰 전 햇살은 숨이 멎을 만큼 아름다운 풍경을 연출했어.

　'천년 숲 대나무를 품다.' 선비의 고장 담양은 죽녹원 외에도 용마루 길, 소쇄원, 인근에 광주 호, 수변 생태공원, 영산강 상류와 지류 주변들은 계절마다 고유 색채로 변신하는 치유여행 명소라고 해.

아침 일찍 집을 나와 예식장 참석 후 죽녹원에서 하루해가 저물었어. 전화 예약하고 찾아간 숙소는 3km 거리 메타프로방스에 위치한 '소아르 호텔'이었어. 죽녹원 인근에 유럽풍 마을이 조성되어 있었지. 파주에 예술마을 헤이리 프로방스가 있다면 담양 메타프로방스는 죽녹원과 영산강 상류 백진강 관방천 메타세쿼이아 산책 코스와 연계 알록달록 파스텔색감으로 꾸며진 젊은이들이 선호할만한 장소였어.

동화 속 집 같은 소아르 호텔에 짐을 내려놓고 야경을 보러 나갔어. 담양 금월 부엉댕이 산자락 메타프로방스는 유럽풍 건물과 음식점 상가 분수 조형물 놀이시설 호텔 펜션이 어우러져 저마다의 색깔로 반짝였어.

가족 부부 연인들이 가득한 골목 분수광장에서 음악소리에 맞춰 춤을 추는 아이들, 대형 크리스마스 추리와 산타 모형은 축제 분위기를 고조시켰어. 거리 가득 야경을 즐기는 사람들 사이에 예정에 없던 담양 메타프로방스 산타축제 분위기에 잠시 들뜬 마음이었지.

메타프로방스 아침

메타프로방스

나리야! 도로변 소아르 호텔 박스 카페는 로비 겸 투숙객들에게 커피와 크림 잼 바게트 빵으로 간단한 아침식사도 제공하는 장소였어. 유럽풍 건물 외벽에 오색 풍선을 든 소녀의 일러스트 그림이 동화 느낌을 주었어.

박스 카페에서 조식 후 불빛 사라진 촉촉하게 이슬 머금은 메타프로방스 아침거리를 돌아보았어. 프로방스 주차장 우측 기사 쉼터 옆 정원에 예쁜 풍차 두 개가 시선을 끌었고 삼각 지붕 구조물은 도로 건너 메타세쿼이아길 관방천 둑으로 통하는 입구였어.

메타프로방스

메타프로방스에서 종대회전 교차로 근처에 오층 석탑이 보이는데 옛 사찰 터였어. 석탑과 마을길을 사이에 두고 보물 505호인 석石당간幢竿지주가 덩그러니 서있구나. 저녁 무렵 화려한 프로방스 불빛만 향해 가면 못 보고 지나치겠지.

나리야! 유한하며 미완성인 삶에서 예상치 못한 일을 할 수도 있고 계획했어도 포기해야 할 때가 있더구나. 몸과 마음은 하나가 아니야. 대부분 마음에 따라 몸이 움직이지만 몸에 마음이 따라야 할 때가 있고 정신 연령은 어느 시점에 멈춘다지만 신체연령은 세월에 충실한 것 같아. 코로나 19시대 무기력감과 의욕저하에 시달리는 자신에게 채찍이 되기 바라며 좋은 글 문구가 있어 붙여놓았어.

- 베르나르 베르베르의 『잠』

'할 수 있을 때 하지 않으면 해야 할 때 못 할 수도 있다.'

나리야! 긴 여행 에세이 읽어줘서 고마워. 참고 기다려준 네가 있어서 현재 내가 존재하며 무사히 여행을 마칠 수 있었어. 젊은 날 지혜롭게 살아낸 우리의 하루는 어느새 20년 30년이 지나갈 것이며 후회 없이 따사로운 초원이 도착할거야.

이제 우리 모두 안녕!

에필로그

두 달 동안 국내 섬 여행 에세이 A4 85매를 써 놓고 퇴고가 귀찮아져 방치했다.

'섬 여행 퇴고 할까?' 갈등하다 인도 중국 네팔 라오스 여행기록까지 써놓고 함께 퇴고하기로 했다. 결정 후에도 쓰기 주저하며 미루다가 '시작이 반이라는데 일단 써보자.' A4 용지를 꺼내 시작은 했다.

그동안 살아오면서 독서는 자신을 위로하는 행위였으며 좋은 글에 공감하고 감동했다. 내가 생각하고 있던 것은 이미 누군가 다 말하고 썼다. 일기정도 쓰며 세월이 흐른 뒤 독서모임에서 선정하여 읽은 책을 발제하고 토론하며 자전소설을 쓰자고 했지만 세월만 흘러갔다.

'세상에 좋은 책이 차고 넘치는데 내가 써봐야 허접 쓰레기가 되지 않을까?'

프랑스 소설가 '마르셀 프루스트' 『독서에 관하여』 중에 '언젠가는 책을 치워버리고 스스로 생각하라. 알코올 중독만큼 치명적인 것이 책 의존증이다.' 작가를 절대적인 지식의 소유자로 착각하는 것을 경고하며 훌륭한 책을 읽게 된 뒤에는 쓸 수 없게 될 것이다. 울림을 주는 내용이었다.

유명한 작가들은 마루 위 절대자 같았다. '그래, 나도 그냥 써보는 거야. 유명하다는 작가들도 일상사 시시콜콜 묘사하던데!'

여행기 쓰고 출간한 뒤 단편적인 경험과 상상력으로 책이 될 수 있지만 사고와 집중, 인내의 산물이었다. 한두 시간에 다 읽어버리는 책도 쓰는 사람은 몇 년이 걸릴 수도 있다. 내 삶을 지탱하는 한 축이 책읽기와 글 쓰기였고 세상을 버티게 해준 끈이었다. 책을 구해 읽고 쓰는 일은 생계와 무관하지만 자발적인 행위이며 존재의 이유였다.

세상을 떠난 부모님이나 지인의 일상이 그립고 궁금하다. 여행에세이 쓰기는 사라져버릴 개인의 경험과 소소한 느낌을 기록해 두고 싶은 이유이다. 궁극적 소망은 자전소설과 동화쓰기이며 '맘 한 톨 봉사단' 일원으로 유치원이나 어린이들 대상 동화구연에 참여 활동하고 싶었다.

'몇 달 가면 끝나겠지.' 했던 코로나에 준비하고 연습했던 구연 활동이 멈춰져 안타까움 속에 섬 여행과 인도 중국 네팔 여행기를 썼다. 섬 여행 인도여행 모두 A4 160매 200자 원고 1,300매였다. 글 내용에 맞게 사진 삽입 기록까지 차 마쳤다. 그 후 퇴고가 귀찮고 파일 클릭조차 두려워 방치되었다. 반복해서 첨삭수정 해야 하는데 무기력하고 의욕이 안 났다. PC앞에 앉아 한 시간만 지나도 맥이 풀렸다.

코로나19는 장기간 이어지고 동아리 모임과 구연활동이 정지되었다. 비대면 화상회의 합평 진행으로 기지개를 켜고 있지만 산골 지방에 살아도 가능한 일이다.

깊은 우물에서 나올 변화 시도가 필요했다.

"우리 시골에 적당한 민박이나 펜션에서 한 달 살기 하며 쉬다오면 어떨까?"

"그래, 기분전환 한번 하고 오자."

세영도 흔쾌히 동의하고 한 달 뒤 9월 21일 월요일 떠나기로 하고 적당한 장소를 탐색했다. '퇴고 산책 책 읽으며 보내야지.' 계획 세우며 의욕이 살짝 기지개 켰다.

'한 달 보낼 적당한 장소가 어디 있을까?' 막연했다. 우연히 옥천 대청호 '부소담악' 이미지를 보고 홀렸다. 옥천은 생소했다. 첫 행선지는 옥천으로 일단 출발하고 마음에 들면 머물기로 했다. 한 달 동안 준비와 기다림 끝에 옥천으로 떠났다.

소옥천 생태습지 대청호 일부 외엔 기대 이하였다. 산천 지형이 협소하고 답답하며 적당한 숙소 찾기도 어려웠다.

하루 묵고 미련 없이 떠나 섬진강 주변 펜션 주인과 전화통화 시도했다. 한 달 살기 안 한다고 했다. 인터넷 검색, 지리산 계곡에 펜션이 많아 산청으로 향했다.

산천이 수려하고 계곡 주변에 펜션, 야영장, 테마 문화 물레방아 촌이 이어졌다. 천왕봉 아래 중산리까지 들어갔다. 주차 광장에 도착했는데 계곡 너머 언덕위에 멋진 성채가 보여 중산1교를 건너갔다.

"호텔인가? 비싸 보이는데!"

"그냥 한 번 가보자."

글램핑장 위에 자리잡은 콘도식 펜션이었다. 주차장에 내렸는데 아무도 없었다. 라운지 출입문도 잠겨 있었다. 돌아가려는데 주인장이 나타났다.

"이 쪽으로 오세요."

옆문 통해 카운터로 들어갔다. 침대 온돌방을 몇 개 보았다. 전망도 좋고 마음에 드는 룸이 있었다. 한 달 머무는데 절반가격으로 조율되었다.

주변 산책 계곡에 발 담그며 일기를 적고 무거운 자물쇠 풀어 원고 수정에 들어갔다. 며칠 동안 외출도 안하며 집에 있으면서 아무것도 못했는데 하루 두 세 시간 밖으로 나를 끌어내 산책하게 하는 산천이 있었다. 무기력의 우물에서 서서히 기어 나와 심신의 젖은 날개를 말렸다.

일주일 정도 지나며 차츰 퇴고에 속도가 붙고 기운도 상승했다.

낯선 풍경과 체험, 비우고 얻기 위해 시간과 돈 체력을 바쳐 여행을 하는데 지금은 먼 꿈 속 이야기 같다. 맘껏 여행을 하던 시점과 현재 상황차이 때문이다.

코로나19 로 세상이 몸살을 앓고 있으며 여행수요는 대폭 감소했다. 자유롭게 대면하고 이동할 수 있기 바라며 첨삭수정은 끝이 없지만 여행에세이 퇴고는 시작되었고 미흡한대로 최종원고를 전달했다. 책이 출간되기까지 세심하게 원고 교정하시며 용기를 준 ≪시와 동화≫ 강정규 작가님께 감사드리며 이야기를 마친다.